小白学运营

刘异 伍斌 赵强 编著

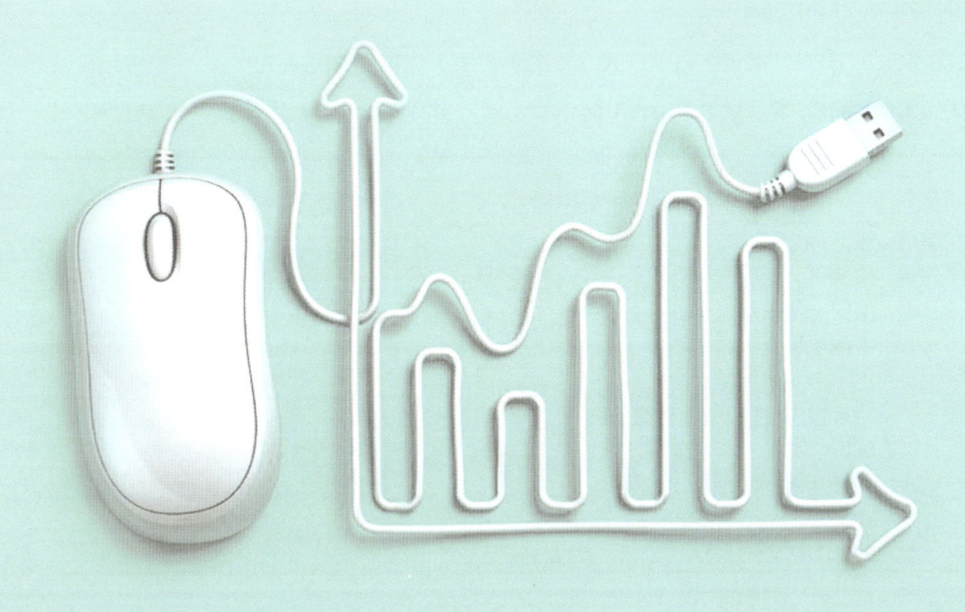

電子工業出版社
Publishing House of Electronics Industry
北京•BEIJING

内容简介

本书是针对网络游戏行业，产品运营及数据分析工作的入门读物，主要为了帮助刚入行或有意从事游戏产品运营和数据分析的朋友。

本书没有烦琐的理论阐述，更接地气。基础运营部分可以理解为入门新人的to do list；用户营销部分则是对用户管理的概述，从用户需求及体验出发，说明产品运营与用户管理的依附关系；数据分析实战中，侧重业务分析，着重阐述的是分析框架，以虚拟案例的方式进行陈述，能够让读者知其然并知其所以然。

本书更像一本工具书，希望读者读完以后，在实际工作中还能时不时地拿出来看一看。

图书在版编目（CIP）数据

小白学运营 / 刘异，伍斌，赵强编著. —北京：电子工业出版社，2015.9
ISBN 978-7-121-26728-4

Ⅰ. ①小… Ⅱ. ①刘… ②伍… ③赵… Ⅲ. ①游戏-软件开发 Ⅳ. ①TP311.52

中国版本图书馆CIP数据核字（2015）第166720号

策划编辑：张月萍
责任编辑：徐津平
印　　刷：中国电影出版社印刷厂
装　　订：中国电影出版社印刷厂
出版发行：电子工业出版社
　　　　　北京市海淀区万寿路173信箱　　邮编：100036
开　　本：880×1230　1/24　　印张：9　　字数：320千字
版　　次：2015年9月第1版
印　　次：2022年2月第12次印刷
印　　数：21501～22500册　　定价：49.00元

凡所购买电子工业出版社图书有缺损问题，请向购买书店调换。若书店售缺，请与本社发行部联系，联系及邮购电话：（010）88254888，88258888

质量投诉请发邮件至zlts@phei.com.cn，盗版侵权举报请发邮件至dbqq@phei.com.cn。

本书咨询联系方式：010-51260888-819　faq@phei.com.cn。

前　　言

从参加工作起，笔者就一直从事网络游戏和移动互联网数据分析工作，2013年开始，陆续将游戏数据分析的案例和经验整理成框架。2014年底与姚老师沟通的时候提到：希望《数据分析实战》的作者（刘异）、《游戏运营手册》的作者（赵强，网名：打不死的小强）、《小白学运营》的作者（伍斌，网名VV5）三位作者一起出版一本面向运营小白看的书籍。

见面后，大家一致认为，当下的游戏行业虽然网上的文章很多，但大多是零散性的，真正落地对新人有帮助的内容很难找到。于是就有了本书，希望能帮助到刚入行的人员。

关于本书

本书是针对网络游戏行业，产品运营及数据分析工作的入门读物，主要为了帮助刚入行或有意从事游戏产品运营和数据分析的朋友。

本书没有烦琐的理论阐述，更接地气。基础运营部分可以理解为入门新人的to do list；用户营销部分则是对用户管理的概述，从用户需求及体验出发，说明产品运营与用户管理的依附关系；数据分析实战中，侧重业务分析，着重阐述的是分析框架，以虚拟案例的方式进行陈述，能够让读者知其然并知其所以然。

本书更像一本工具书，读者读完以后，在实际工作中还能时不时地拿出来看一看。

本书结构

本书的目的是让新入行的读者快速上手游戏运营和数据分析。全书分为3章：“基础运营手册”、“用户营销入门”、“数据分析实战”。

基础运营手册：主要涉及一些运营工作的基础执行、运营策略和运营思路。

第1部分　手游测试的3个阶段：宏观地说明了3个测试阶段的核心工作和运营思路，没有涉及具体的执行层面，主要从战略层面和战术层面讲解了运营思路。

第2部分　封测：主要包含了封测前的准备工作和期间的核心工作，同时为了准备内测和公测，在封测阶段需要准备的一些运营需求。

第3部分　内测：除了基础执行的工作清单外，还单独讲解了App Store涉及的运营工作。在内测期间已经开始涉及大版本更新的工作，所以更新的部分也做了详细的说明。

第4部分　公测：公测的核心主要是营销，与内测期间的执行工作没有特别大的差异，所以整体介绍了公测时的思路。同时加入了手游两大难题：账号问题，充值问题。

用户营销入门：根据产品在不同阶段与用户产生的交互内容制定合理的管理规范。

第1部分　用户导入：由产品目标用户发掘、精英玩家招募策略、论产品新手引导三个主题组成，主要说明发掘、招募、引导三个导入阶段，希望读者能够通过本章内容在导量工作中有更多的想法和更好的思路。

第2部分　需求分析：需求分析集中在用户调研怎么做、用户需求分析两个主题，本章通过系统性的调研，对需求内容、场景、属性进行多维度的客观分析；分析用户需求产生的根本原因，同时优化满足需求的产品体验。

第3部分　营销实战：通过基于用户开展营销、制定适合产品&用户的运营方案、关于软文撰写三个主题阐述营销概念与营销执行工作，提炼具有可行性的营销方法，并对每个营销模块进行系统整理与说明。

数据分析实战：本书的数据分析内容聚焦在游戏业务分析框架，不涉及算法应用。

第1部分　数据分析快速入门：对游戏数据分析的根本任务进行阐述，希望读者在阅读本章后能够对游戏数据分析有一个框架性的认知。同时根据笔者的经验对游戏数据分析师的层次进行了划分。

第2部分　建立指标体系与分析框架：着重对游戏行业数据分析的宏观指标进行框架性的梳理，并对游戏数据前的基础准备工作进行了简单阐述。

第3部分　业务分析实战：通过虚拟案例的形式陈述游戏从测试、推广到稳定运营阶段的五大数据分析任务，并提炼每个任务的业务分析框架和通用模型。

在线博客

http://xsjresearch.com

西山居用户行为研究院：这是西山居数据平台团队共同维护的部门博客，定期分享游戏数据分析、算法、用户研究方面的文章。

http://www.sykong.com/tag/vv5/

小白学运营：手游那点事独家专栏，由VV5撰稿运营；专栏内容偏重运营知识讲解，从基础名词到运营策略，多维度对游戏运营进行解析。

http://73team.cn

73居——西山居手游运营团队：西山居手游运营团队共同维护的团队博客，每周都会分享工作经验，内容以实用、接地气为特点。适合手游从业者订阅。

http://xiaoqiang.me

打不死的小强：小强的个人博客，积累了从业以来的所有分享，涉及游戏运营的方方面面，沉淀内容较多。

致谢

很多人为本书精益求精并付出了辛勤的劳动，在此对他们表示感谢。

成都道然科技有限责任公司的姚先生花费了大量时间与我们电话沟通，帮我们组织材料、理清概念并且提出大量的改进意见与建议。

苏如涛（网名：小炮，手游那点事创始人）、何清景（手游那点事联合创始人），他们和姚先生一起将我们三位作者聚集在一起完成本作。

杨婧（网名：小龙女）、汪莉雅（网名：lena）为本书的营销也付出了大量的心血。

所有花费时间审读本书内容并帮忙作序的大佬们：DataEye创始人兼CEO汪祥斌、飞鱼科技CEO姚剑军、谷得游戏VP黄承娟、巨人副总裁徐博、蓝港互动副总裁王世颖、乐逗游戏CEO陈湘宇、天拓游戏CEO黄挺、同步网络CEO 熊俊。

——刘异、伍斌、赵强

隋明宏、孙强、蔡林鸷是我在网龙公司的上级，导师，同事。引领我进入数据分析、用户研究和游戏领域，并从专业、管理、为人处事方面教会了我很多东西，没有他们就不会有今天的我。赵强、伍斌，本书的另外两位作者，在合作撰写本书的过程中，在运营专业上给了我很多指导。

——刘异

感谢CREATIVE STAR集团励慧软件的商务总监徐燕，在产品及运营工作中给我很重要的方向和鼓励；感谢广聚总经理曹军，作为我的老板不仅在运营领域给我信任及支持，同时在为人处事上也让我受益良多；感谢爱思助手商务总监李琦；行业中的合作伙伴，生活上的挚友，感谢你们提供平台以及专业性的知识让我成长。

——伍斌

感谢昆仑的老大：谢强、刘洋、彭程、徐丹妮和叶伟健。在刚进入游戏行业时给了我巨大的帮助，给我机会成长。感谢萌果的老大尹庆，在创业期充分地信任我，给我足够的空间。感谢西山居的老大郑可，不断鞭策我，让我更快速地成长。

——赵强

移动游戏精细化运营乃大势所趋

中国手游 CEO 肖健

2015年6月的中旬，我收到来自手游那点事的邮件，告知我《小白学运营》一书即将面世的消息。从字里行间，我能感受到一个游戏媒体对一部新作品的兴奋之情。一部耗时良久、内容精良的新作终于可以接受读者的审阅了，在此，我有一些感悟想分享一下。

自2012年移动游戏快速发展至今，市场上出现了大批量关于游戏趋势、游戏研发、游戏市场的内容。接触手游那点事伊始，便意识到该媒体能在移动游戏精细化运营层面为行业带来不少贡献。

果不其然，2015年《小白学运营》即将面市，在当下这个相对浮华的游戏行业，能有这样的一群人沉下心来，做些看似枯燥却很有价值的事情，这是对手游那点事这个媒体“有态度”的最好诠释。

任何一款优质的游戏都离不开一个优秀的运营团队，运营是衔接游戏产品、用户、市场最重要的一环，游戏的运营团队能力直接影响到一个游戏项目的成败，而中国手游在移动游戏浪潮下也一直坚持了精细化运营的理念，争取更好地为玩家服务，争取对移动游戏行业的发展尽自己的一份微薄之力。

所有产业在中前期快速发展的过程中，或多或少会出现浮躁、激进、人才漏洞等问题，但终归要沉淀积累，才能确保整个产业稳定、健康的发展。而游戏的精细化运营的发展速度，往往可以反映出游戏产业的发展阶段。在2015年的年中，《小白学运营》作为第一本针对移动游戏精细化运营服务的工具类书籍出版，也恰恰反映了移动游戏产业的发展将会越来越健康。

书中针对移动游戏运营的基础知识、专业运营技巧以及数据分析能力进行了全方位的解读分析，这对于游戏运营人员来说是个提升工作能力的好方法，应该可以成为移动游戏运营人才的必读书籍。

移动游戏行业很美好，值得大家为之付出与奋斗，共勉！

——2015年夏至未至

推荐序（排名不分先后，以姓氏拼音排序）

乐逗游戏　CEO　陈湘宇

从小白到大咖的进阶之路

手游是一个新兴行业，因此在这条路上，每个从业者都是摸着石头过河，通过不断试错来寻找正确的道路。我个人非常希望《小白学运营》这本书能够搭一座桥，让试水这个行业的新手们不用掉进河里，少犯错，别溺水。

我是从2009年底起进入手机游戏市场的。和现在相比，当年手游市场还在萌芽阶段，好的产品很少，盈利规模更少，运营模式简单粗糙，应用分发市场还尚属空白。对于手游运营商而言，大家还不知道该怎么“玩转”这个市场：如何寻找好的产品？如何读懂用户？如何打造一款“常青树”产品？

在乐逗游戏的成长过程中，凭借对行业直觉式的理解，以及一点初生牛犊不怕虎的勇气，再加上一点好运气，我们摸索出了自己的一套运营手法，也取得了阶段性的成功。例如通过二次研发帮助海外手游立足中国市场，通过大数据分析了解自己的用户构成及喜好，与CP（内容提供商）、渠道建立良好互信的合作，打通产业链。

但我也常常忍不住想，如果一开始做游戏运营就有系统的操作指导（最好这指导中还有实操性的案例分析），帮助我们少走一些弯路，少撞一点南墙，避开某些大坑，这该多好。有时候也会听到业内一些本来很有希望的从业者，因为运营不善最后功败垂成，也会觉得很惋惜。

今天的手游市场规模，和6年前不可同日而语，根据中国音数协游戏工委发布的《2015年1～3月移动游戏产业报告》显示，中国移动游戏市场实际销售收入达到94.6亿元，较上一季度增长25.1%。随着行业规模日益扩大，也有越来越多的新伙伴加入到这个行业中来。

这本《小白学运营》让我觉得很振奋，因为这本书有望成为手游创业者的“探路秘籍”。这本书基本上涵盖了运营的各个阶段你需要掌握的知识——有理论，更有实战分析，或者说，这本书基本上是手把手地教你：基础运营怎么做，用户营销怎么做，还有用户数据分析怎么做。通过这本书，手游创业者可以快速了解运营业务的关键点，明白如何解读市场趋势和用户数据，更好地实现运营产品。

乐逗游戏和手游那点事已有多年的友好合作关系。作为国内最具影响力的手游行业媒体之一，手游那点事始终关注手游行业的发展，不仅为广大移动游戏从业者提供高质量的行业信息，并通过行业会议和沙龙，深度探讨手游开发、手游发行、手游营销、手游运营、手游海外推广等内容。相信这本书的面市，将成为手游市场新生力量的入门指南，帮助更多运营“小白”成长为“大咖”，促进中国手游行业持续稳健发展。

谷得游戏 副总裁 黄承娟

椅子是不是只能四条腿，A到B之间是不是只有一条路。

从小到大，我都喜欢给自己制造些有趣的难题，与其说是难题，不如说是思考。在这个互联网快速发展的时代，信息变幻莫测，有时浮躁的追从会让人感到迷茫。在这个时候，如何在时代潮流中坚持自我，就显得分外重要。我对运营的理解，不是简单的复制粘贴模式化套路，而是大数据分析下的天马行空，这个天马行空就是多一些创想，多一些融合，多一些好玩儿。在越发个性化的时代，产品要开始有自己的独特味道。

手游那点事是我甚为认可的媒体，受邀为其书写序，蛮是欣喜。其勤恳务实的作风体现着南方企业文化的特色，用清景的话来说，“我们只干事，只干实事”。阅过《小白学运营》，倒也是有几分他那耿直憨厚的味道。大部分文章颇为接地气儿，犹如切身所悟，赤身肉搏之痛感。其言糙而理明，并多有独到启发之处，尤其是在各产品例子上总结了一些数据理论，可让人窥其妙，又触及另类思考，如我所说，这不是一种简单的总结，而是引发了一个奇妙世界。

本人也曾与同行友人交流，好的运营人员是什么样的，大家都觉得理论与实践是否并蓄是考察优秀运营人员的基础。《小白学运营》我觉得是一本比较综合的运营教科书，其中有大量的数据，也有一些实战的市场活动运营分享，并且浅显易懂，对读者颇有启迪。秉着多维度学习的态度，我特向游戏界朋友们推荐此书，相信可以对大家如何做好运营这件事情有所裨益。

天拓游戏　总裁　黄挺

2013年移动游戏市场开始呈现火爆势头，随着网络和硬件的进一步普及，移动游戏的浪潮一往无前。毫不夸张地说，移动游戏已经进入全民时代。如何打造受欢迎的移动游戏精品，这是值得深入探讨的课题。

毋庸置疑，产品运营是这个课题中极其重要的一环。一款游戏的成功离不开精细化的运营，需要最大限度地减少运营所占用的资源，但做到这点并不容易。培养兴趣、增强洞察力、提升市场判断力，这些都是做好运营的必备技能。这就是开始，这就是新手教程。

新手，也就是小白。什么都不懂，什么都需要学。但每一个人都是从小白开始的，肯学、肯做，那就已经在成功的路上了。2013年，从页游起家的天拓游戏开始探索移动游戏，在这个迅速发展的移动互联网浪潮中，我们也是一个个小白，最开始扑腾了几个来回，也没能很好地跟上市场的节奏。但我们没有放弃，通过天拓页游研发与发行的经验积累及沉淀，我们选择了一个快速通道——“发行先行、代理先行”，通过市场预判，找准用户，抓准趋势，用精品内容开拓细分市场，这给我们快速进入移动游戏的竞争，打下了一个很好的基础。2015年，天拓游戏蓄势待发，将继续在移动游戏行业做更多的开拓。

没有任何一个模式可以完全复制，我们需要找到属于自己的特点、自己的优势，去契合这个产业发展的阶段。在这个过程中，前人的经验和模式是非常好的借鉴，《小白学运营》深入浅出地讲述了运营的要点，实际运营案例值得深入思考与总结。移动游戏是大势所趋，而这本书或许能令你顺着势头，走出自己满意的道路。

蓝港互动　副总裁　王世颖

进入2015年，手机游戏行业结束了野蛮生长的阶段，逐渐走入正规化，开始慢慢洗牌。在这个过程中，老牌游戏大厂的杀入，正在改变手游行业的格局。在这种“降维打击”之下，那些很早进入手游行业的中小公司面临巨大危机，他们的先发优势已经越来越不明显。因此，手游的精细化运营对游戏成败的影响，便越来越凸显出来。

仅仅在三年前，手游似乎只要挂到平台上就好，运营的重要性远远低于产品。可如今，运营中的各种门道，不经过一两个项目的洗礼，是很难完全搞明白的。

学费，总是要交的，可是拿公司的运营费用给员工交学费，很多公司恐怕是不干的。于是，大量手游公司天天喊着缺运营人员，但是又有大量的运营人员到处找工作，这之中有新入行的菜鸟，也有在端游、页游领域有多年运营经验的行业老兵。隔行如隔山，很多业界老人面临的问题，就是转型。毕竟，手游运营和端游运营相比，还是有很大差异和很强特殊性的。

因此，《小白学运营》这本书就应运而生了。

想要迅速了解手游运营的基本常识吗？想要三天学会运营手游吗？那就来看《小白学运营》吧！零基础传授，深入浅出的实例，使之成为最具操作性的运营书。今天看完书，明天就实践，后天就能看到效果。《小白学运营》是手游运营人员必备的案头读物。

DataEye CEO 汪祥斌

游戏的数据化运营很早已被很多端游公司践行，但伴随移动游戏的兴起，对于游戏的数据运营又被大量地提及。目前整个移动游戏市场处于快速发展阶段，市场整体的运营水平参差不齐，大量中小团队的运营还处于初级阶段。本书从实战的角度出发对游戏的数据运营进行了全面而系统的梳理，很多分析思路、框架以及原理都是来源于实战，对于很多一线的游戏运营人员来说非常值得去仔细阅读了解。本书也加入了很多基于长期运营的总结性规律。总体而言这是一本真正站在游戏运营的角度去审视数据运营的指导教程。

巨人　副总裁　徐博

巨人本身是研发出身的公司，巨人研发与别人不一样的是什么？“免费游戏”的概念最早是史总提出来，也是史总发扬光大的，史总之后没多少人敢做收费游戏了。这就是巨人在研发上深厚的积累，不限于游戏的玩法本身。产品的运营一定要从产品核心特点上面着手。

举个例子，《征途》、《大主宰》里面都有的抢红包，拼战。史总有8个字“荣耀、目标、惊喜、互动”。现在绝大部分手机游戏，大家都在依靠PVE本身创造荣耀、目标和惊喜，但是靠PVE去创造，电脑的运算量有限，策划的能力是有限的，5个策划做出的东西给50万用户玩，非常累。最重要的是让50万玩家自己干起来，这才可以。一旦有了互动，用户每一次的结果就存在不同。

我与很多开发团队的人聊，你这块互动怎么做？他说有聊天、竞技场、排行榜，就这么多。游戏互动不仅仅是PVP，也不仅仅是聊天，所以在这里套用我们老大纪学锋的三个词“聊起来、争起来，最后打起来”。现实社会中也是如此，没有无缘无故的爱和恨，很多爱和恨是在细枝末节中产生的。游戏运营应该善于折腾，只有基于产品特色，基于人与人之间的互动设计游戏运营，才能有效提升各项运营数据。

同步网络　CEO　熊俊

同步推从早期单一的应用分发延展到现在的游戏联运，是国内手机游戏高速发展的见证者。然而，国内的手游市场经过2012年的兴起，2013年、2014年爆发式的增长，大量团队和产品的涌入已经让当前的游戏同质化现象非常严重，不管成功或者不成功的游戏在市场中都有大量的相似产品存在。不仅于此，行业内的巨头们也已经开始在跑马圈地，人才、资本和IP都变得更加集中和垄断，直接的结果就是导致渠道和玩家审美疲劳，一些开发者变得短视，大量游戏生命周期很短，甚至都不清楚这个游戏的受众是谁！

其实，任何一个产品想要获得成功，产品、用户、运营三者缺一不可，甚至对于游戏这个服务性的产品来说，运营服务本身就是游戏产品的一个不可缺少的部分！而不管什么样的竞争环境，关注玩家的核心需求，最大化产品价值是突出重围的关键，精细化的游戏运营方式则是其中的良方。

作为进入游戏行业时间并不长，甚至现在都还算是在门口的我来说，一直期许有一本书能够让我一窥游戏运营工作的大概，从头到尾了解这个行业和这个工作的方方面面，甚至前人趟过的坑、留下的宝。今天，你手中的这本由手游那点事联合VV5、打不死的小强、刘老师等拥有多年运营经验的作者写出的《小白学运营》，就是这样一本书，满满的干货，是每一个游戏运营人员和游戏从业者左右不离的必备工具。

飞鱼科技　CEO　姚剑军

纵观当前游戏市场，游戏产品的生命周期并不是理想中的状态。如何延长游戏的生命周期，产品的后期优化与运营便显得尤为重要，需要从创新的角度出发，给玩家带来技术层面、产品类型，以及游戏运营方面的创新，不断地给游戏产品注入新鲜血液，保证游戏的可玩性。游戏从正式面世那一刻起，便离不开运营。用户下载游戏、启动游戏，到最后用户愿意留在游戏中，在整个环节中涉及用户数据、行为习惯、质量等方面的分析。这些都是运营工作，是一项烦琐却又特别有意义的工作。

不可否认，手机游戏已经逐渐成为了人们生活中不可或缺的一部分，闲暇之余我们常常会拿起手机进行娱乐。然而，用户可选择的越来越多，用户是否能从其中获得乐趣、成就以及荣誉，是玩家优先选择的关键点。产品研发出来，这只是游戏推向用户的第一步，往后的路途相比要更漫长，就像一个人的生命，人生旅途往往更艰辛。《小白学运营》这本书整合了手游行业不同发展时期的运营精华，值得每一位游戏运营人员一读。书籍从数据分析、运营经验、运营活动等多重角度给大家分享了在每一个阶段的运营经验，能启发大家通过观点的碰撞引发更深度的思考，一起来促进这个行业更健康的发展。

目　　录

第1章 基础运营手册

本章以游戏的生命周期为主线，告诉大家在游戏运营的不同阶段，运营需要做什么事情。本章不但会详细地描述执行的细节和注意点，还会从更深的层次说明为什么要这么做。很多内容都可以作为日常工作的基础手册，提醒我们执行好日常工作。

1.1 手机游戏的3个测试阶段

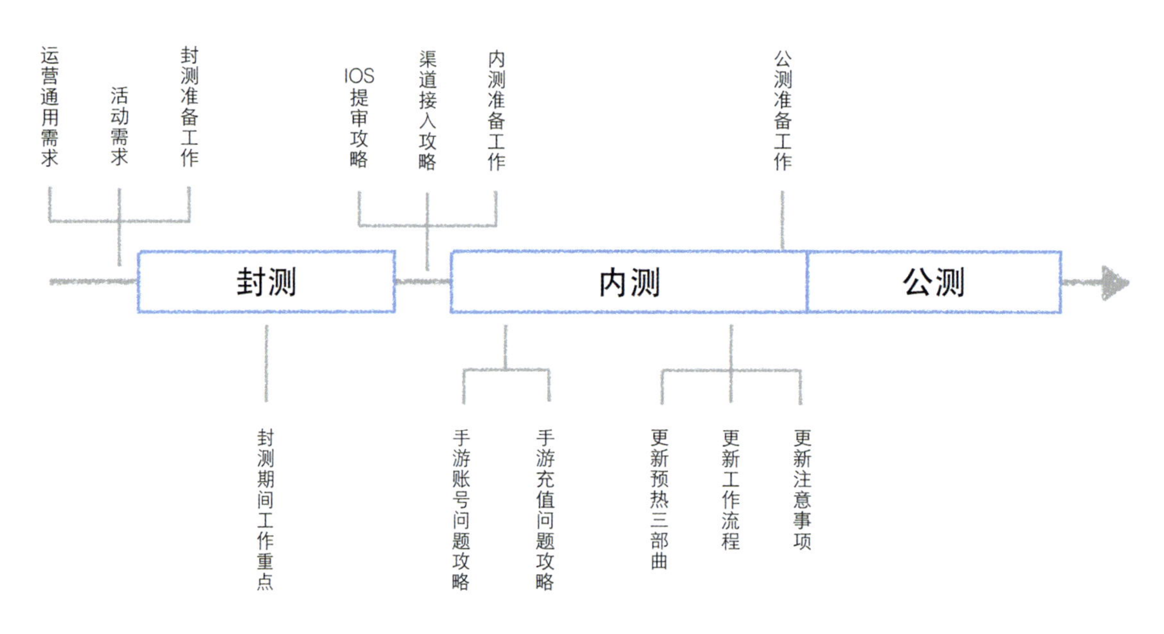

图1.1 测试的3个阶段封面

游戏不像实体产品，实体产品生产后无法再进行修改，只能通过发布新品来更新换代。但游戏可以不断地更新，不断增加新内容并修改、优化旧内容，所以有一种说法：

“软件产品永远都是beta版本，永远都处于测试阶段！”

注释

beta版本：此版本表示该软件仅仅是一个初步完成品，通常只在软件开发者内部交流，也有很少一部分发布给专业测试人员。一般而言，该版本软件的Bug（漏洞）较多，普通用户最好不要安装。主要是开发者自己对产品进行测试，检查产品是否存在缺陷、错误，验证产品功能与说明书、用户手册是否一致。

β（beta）：该版本相对于α版已有了很大的改进，消除了严重的错误，但还是存在着一些缺陷，需要经过大规模地发布测试来进一步消除。这一版本通常由软件公司免费发布，用户可以从相关的站点下载。通过一些专业爱好者的测试，将结果反馈给开发者，开发者再进行有针对性的修改。该版本不适合一般用户安装。

游戏同软件类似，永远都存在不足的地方，永远都有可以优化的空间，新的内容需要持续不断地补充。

对于游戏来说，上线后被人为地分为3个测试阶段：封测、内测、公测。

1.1.1　封测

封测是指在很小范围的测试，主要是为了发现问题、解决问题。一般情况下，通过一个渠道或者几个渠道进行测试，大部分封测都会在测试结束后删档。

下面先说明封测一般是怎么操作的，然后再深入探讨一些跟封测相关的话题。

- **封测目的**

1. 游戏永远都会存在问题，不论测试做得多么充分。通过封测我们尽量让问题都暴露出来，方便我们后续去解决这些问题。
2. 测试出游戏的关键数据指标，例如留存率、付费率、ARPPU。有了这些关键数据，我们就需要跟行业内的同类产品进行比较，明确自己的产品在行业里所处的位置。有了这些数据，我们就能够结合公司策略看产品在后续工作中如何做。
3. 对于策划来说，之前的设计都是基于自己的假设，这些假设不一定是用户所喜欢的。当真实用户进来之后，就会产生很多用户的行为数据，同时策划还能获得很多用户的反馈，这些行为数据和用户反馈能够帮助策划明确设计方向。

- **用户量**

一般情况下，只需要几千人就能够满足封测的需求了。

用户量太多不行。由于要删档，如果导入几十万用户进来之后，再删除它们的数据，那么估计会有很多用户不满。

用户量太少也不行。数据样本太少测试出来的数据波动会很大，这样就无法体现游戏的真实数据水平。同时用户太少也无法获得充足的用户反馈。

- **测试次数**

封测会经历多次测试。一般情况下，第一次测试技术问题和留存问题，第二次测试付费。如果某次测试没有达到测试目的，则还需要增加测试次数。

不少游戏都会测试3次甚至以上，较少的游戏会非常顺利。如果每次测试都达到了测试目的，并且数据表现良好，则不需要做过多的调整，不需要测试太多次。

所以测试次数是根据版本来定的，最关键的是搞清楚为什么要做这次测试！

■ 测试周期

一般情况下，不收费的测试周期是一周多。时间如果太短，则很难暴露出足够的问题，并且看不到更多的留存数据。时间太长的话，则删档对于用户的打击就会更大。

付费的测试周期需要长一些，一般需要15天以上的时间。周期太短的话，付费数据会很不准。如果想把测试做得更充分，可以考虑付费测试30天，因为现在很多公司都会非常看重30日的LTV（用户生命周期价值）。

由于付费测试完就会开始大规模推广了，所以不光蒙头测试，还要不断观察外部的市场环境，应尽量避开渠道看好的大作档期。如果跟大作撞车就很难获得足够的流量。所以上面说到的15天和30天都是“学院派”的说法，还要根据实际情况来调整。

上面所说的所有东西都是在“一般情况下”，其实更多的时候需要自己的判断，根据每次的测试目的来灵活调整这些测试手段。下面就深入地聊一聊在封测期间，我们应该关注的一些关键点。

关键点1：通过什么方式来获取用户

首先不建议用广告采购的方式来封测，大部分广告渠道获得的用户质量会非常“差”，这些用户大部分都不是网游的目标群体，完全无法满足测试的目的。

现在主流的做法就是挑选一些联运渠道进行测试，在挑选渠道的时候一定要非常谨慎，因为不同的渠道，用户属性是不同的。有些渠道的用户有很强的公会属性，如果你的游戏跟这些用户匹配，则测试出来的数据会非常漂亮。当大规模推广的时候就会发现数据会掉一大截。有些渠道的用户属性又很“小白”，如果跟你的游戏类型不匹配的话，数据就会很糟糕。所以在渠道选择上一定要很慎重！

关键点2：数据泄漏的问题

为了对封测数据进行保密，有些厂商不希望太多人知道自己的数据表现。于是一些较大的厂商就会绕过联运渠道，通过自有用户或者广告投放来测试游戏，但是大部分厂商不具备这些条件。所以通过联运渠道测试还是比较主流的方式。

渠道之间表面上看去竞争很激烈，但是具体执行层的人私下的交流还是非常的频繁，他们会互相打听各个产品的数据，然后考虑上线的时候分配什么样的资源。所以这个问题是很难解决的，因此不用太在意这个问题，专心做好测试，尽量优化产品提升数据即可。

如果有条件通过自有渠道（用户属性一定要匹配，不要差异太大）进行测试是最好的，数据不泄漏渠道就会有期待。

关键点3：版本做到什么阶段开始测试

这个问题没有明确的答案，要根据公司的实际情况和整体的策略来确定。

版本完善度越低，上线的时间就能够比较提前，可以快速获得数据反馈和用户反馈，及时地修正设计方向，确定产品的开发策略和发行策略。但是坏处就是每次测试时，版本可能差异很大，除了修改老内容之外还会增加很多新的内容。上次的测试结果很难继承到下次测试，简单说就是上次测试50%的留存，下次改了一大堆东西再测试可能就下降到40%，又很难评估具体是什么改动造成了这些影响。

版本完善度越高，每次测试之间的差异就会越小，能够很好地评估每次改动的效果，而坏处就是上线时间会推后。手游市场瞬息万变，游戏品质也在不断提升，例如上个月你可能还觉得自己的美术能打80分，但是这个月可能就出现一堆美术90分的产品，你的竞争力就减弱了。

所以版本到底是赶时间，还是更好地打磨，这个是需要运营和研发团队一起去权衡的问题。

关键点4：删档测试期间送多少东西合适

这个问题同样是一个尺度问题，送的多了测试出来的数据就会虚高（但也不会高太多，决定数据表现最大的因素是游戏本身，而不是送出去的福利），不能真实地体现游戏的水平。好处是内部人员看到这么好的数据，会信心加倍，对团队士气也会有帮助。外部人员看到这么好的数据也会对产品有更高的期待，渠道可能会分配更多的资源，发行商也可能会出更高的价钱。

从产品修改和优化的角度来看，如果送的东西太多则一定会影响用户体验，策划就很难发现游戏的问题。因为如果游戏本身的设计存在问题，不送的话玩家就会快速流失，但是送的多了，玩家可能会因为玩起来比较爽而没有流失。在这种情况下，产品设计原有的问题没有暴露出来，策划就会“忽略”这些问题。

所以这个问题和上个问题是一样的，同样是一个尺度的问题。不建议做得太极端，一点不送和送得太过分都不是很好的选择。

关键点5：玩家付费后再删档如何处理

大部分玩家都不希望自己玩了一段时间的游戏再删档，所以付费删档的测试需要考虑到玩家付费的钱，后续如何处理。

现在主流的做法是删档期间的充值，在不删档的时候多倍返还，至于是返还1.5倍，还是2倍或是3倍，就要看情况而定了。比较主流的做法是返还2倍。

除了金钱上的返还，其实还可以针对付费玩家做一些特殊的照顾，比如在下次不删档的时候给玩家一个特殊的称号，或是赠送一些独有的礼包、道具等。这种方式能够增加玩家的荣誉感，而荣誉感是大R玩家最看重的东西之一。

注释

大R玩家：游戏里付费金额很高的玩家。

同时还要做好用户召回的工作，尽量获取测试用户（尤其是付费用户）的联系方式，在不删档的时候主动联系这些用户，最大化地提高用户回流的可能性。

1.1.2 内测

内测其实就是大规模推广，这次测试就不会再删档了。在这个阶段会接入大量的联运渠道，在市场推广层面的力度也会非常大。对于非顶级的游戏来说，内测可能就是这个产品收入的最高峰。如果产品数据没有足够的竞争力，渠道就会减少用户的导入，等到公测的时候就很难再有较大的提升了。

关键点1：什么时间开启内测非常重要

当一个游戏开启内测时，渠道会给一批资源（比如：推荐位、广告位、Push等获取用户的方式），观察产品的数据表现。如果数据表现好，渠道就会持续地给资源，如果数据表现不好，渠道就会停掉资源。

上面所说的数据表现好是相对的，如果市面上的游戏都是次日留存的80%，那么你的游戏为次日留存60%则不能算好。只有在整个市场上有很强的竞争力才能获得渠道的认可。对于大部分游戏来说，都无法做到这个水平，所以也许内测的前几天是你能够获得大量用户的唯一机会！

落实到可操作的层面，就是多了解市场信息，看看明星产品都是在什么时候上线，不要跟他们“撞车”。其他因素则很难去控制了。

关键点2：优化工作依然重要

虽然封测阶段对游戏已经优化了很多，但是当大规模的用户进入后，还是会产生很多新的问题，所以产品优化的工作要持续地做，不断地获取数据反馈和用户反馈，不断地优化游戏设计。

同时封测阶段和内测阶段有较多的差异，例如以下几项。

1. 内测不删档。
2. 内测的用户量级比封测大很多。
3. 内测时期绝大部分都是大众玩家，而封测时期我们接触更多的是重度游戏用户。

4. 内测时期大量付费玩家涌入，对内容的消耗会非常快。

注释

对内容的消耗会非常快：游戏内可玩的内容被玩家快速地玩完了。

这些差异都会导致数据的变化，很多游戏在内测时期的数据会有较大地下滑，所以策划需要根据内测时期的数据再进行优化。在优化原有内容的同时，还要加快新内容的开发，因为很可能我们做了一年的游戏玩家，结果玩了一个月就没得玩了。

关键点3：渠道的接入

此外，在这个阶段就要开始接入更多的渠道了。首次封测时只接入较少的几个甚至一个渠道来测试。一旦开启收费，渠道就认为产品已经首发，渠道十分关注首发的机会，如果渠道不在首发之列，未来对产品的支持可能就会减弱。所以大部分游戏在开启收费时，就会接入较多的渠道（国内一线渠道一般都会在首发之列），有些甚至一次性接入几十个。具体接入多少个，接入哪些渠道就需要根据公司的发行策略来定了。除了第一次接入的渠道外，后续还需要不断地补充新的渠道，通过接入新渠道来获得更多的用户。因为对于手游来说，用户获取是非常关键，也是非常困难的。渠道是否推广游戏是不可控的，而接入渠道是自己控制的，这也是能够快速见效的手段！

当然，也不是渠道接入越多就越好。因为每接一个渠道就会产生大量的隐形成本，比如SDK的维护成本，商务对接的成本，运营对接的成本，各个渠道需求的制作成本……所以到底接多少渠道，接哪些渠道就要看团队的情况而定了，并非接入越多就越好！

关键点4：版本更新非常重要

版本更新之所以如此重要，主要是以下3个原因。

1. 手游用户对于游戏内容的消耗非常惊人！如果没有新的内容补充，用户就会快速进入疲劳期，如果长时间没有版本更新，就会面临大量用户流失。
2. 对于大部分厂商来说，联运渠道是获取用户的最主要的途径。而新版本又是渠道非常关注的点，渠道会在版本更新的节点增加推广资源。所以如果跟渠道配合得好，每个版本都能获得更多的用户量。
3. 之前提到，如果产品数据不好，渠道在后续工作中是不会持续投入资源的。不过业内也有一些案例是产品刚上线的时候数据不好，不过通过不断地版本更新迭代，最终将数据提高到了很不错的水平。这个时候渠道会增加资源投入。通过版本更新将数据从一般调整到很不错的情况是很少见的，也是非常困难的。但也不排除有这个可能性！

对于版本更新来说，建议不断地优化版本开发和发布的流程，越快发布版本越好！这样就能获得更多的渠道资源，也能跟得上玩家的节奏，不至于让用户因为没得玩而感到枯燥。

1.1.3 公测

公测其实跟内测没有特别本质的区别。之所以需要这么一个测试，主要是从市场层面考虑，把公测包装成一次事件，进行集中的大规模营销和推广工作。用一个高级一点的词就是“事件营销”。

关键点1：什么时间公测

既然公测是一个营销事件，那么就要更多地从市场层面来考虑。需要在产品还有热度的情况下开启公测，不要等到产品上线1年后，再在无人问津的情况下进行公测。这个时候没有人会在意你是否公测，也就起不到公测想要的效果。

跟内测一样，公测也要避开大事件，不要与其他明星产品的内测或者公测撞车。

关键点2：公测要配合大型版本

由于是事件营销，就需要足够有噱头的事件才行！不要干巴巴地喊公测的口号，渠道和用户是不会响应的。

大型的版本是游戏内测之后最大的事件了，所以一定要配合大型的版本，同时还要配合一系列较大型、非常规的线上和线下活动。通过版本和活动充分把公测的势头给做起来。

关键点3：不要太把公测太当回事

渠道是非常现实的，如果你的产品数据不好，你喊什么口号，更新什么版本，做什么活动都无济于事。所以千万不要指望公测一定会被渠道和用户所重视。

想得到渠道的重视就要靠过硬的产品数据，或者非常硬的渠道关系，公测只是锦上添花，绝不是雪中送炭。

以上我们宏观地说明了手机游戏测试的3个主要阶段，在下面的章节会详细地说明各个阶段的细节问题和具体执行层面的内容。其中大部分内容都是告诉大家落地的工作如何去执行，除此之外，还有一些启发性的关键点分析，针对这些关键点，大家可以在执行工作上不断优化，形成自己的执行方案。

1.2　封测

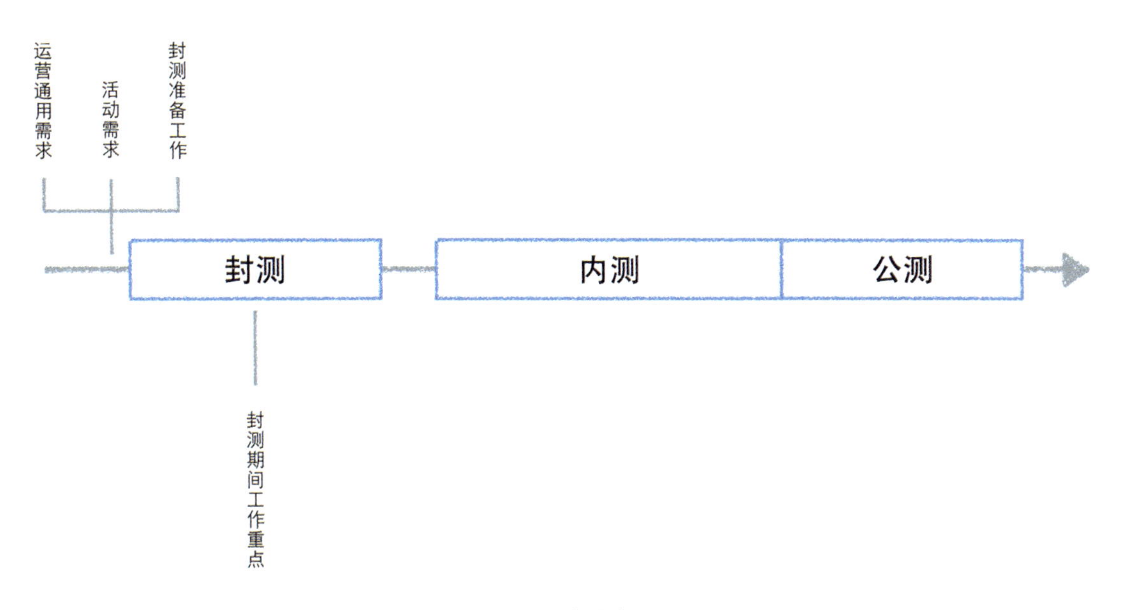

图1.2　封测封面

1.2.1　封测准备工作清单

不管思想意识是多么先进，执行工作才是成事的基础。执行不落地，想得再好，说得再好都是白搭。下面就向大家介绍一下封测前需要做哪些事情来保证封测的顺利进行。

行业内比较通用的准备流程清单如下：

提前1个月	
法务，商务	软件著作权
	商标
	商务对接
账号申请	百度贴吧
	微博
美术素材	游戏 icon 设计（多个版本）
	下载页截图
技术接入	渠道SDK接入
	统计平台接入
	日志后台接入
	第三方工具接入（例如：推送）
运营需求	运营通用需求
	活动通用需求
法律程序：这些申请只要确定好游戏名称和游戏设计就可以开始做起来，越提前越好，不一定是上线前1个月才开始 **账号申请**：这些账号申请越提前越好，第一个目的抢注后自我保护避免被黑，第二个目的就是长期运营这些账号 **icon设计**：icon对于手游是非常重要到，所以要不断的做，挑选最好的来用 **运营需求**：详细需求会在后面章节中做详细说明	

图1.3　封测准备清单1

提前2周	
上架素材	最终版 icon，下载页截图
	渠道推广位素材
	游戏介绍文字
	新手攻略，游戏评测，游戏特色
日常文档创建	大事件记录表
美术素材：不同渠道对于icon和下载页截图对尺寸要求不一样 **游戏介绍文字**：有些渠道对文字长度有限制，建议准备3个版本（30字以内，200字以内，超过200字） **大事件记录表**：用于记录游戏对开服，合服，活动，版本更新的时间，内容，效果。用于未来的分析和复盘工作	

图1.4　封测准备清单2

提前1周	
开通QQ群	超级会员开1000人群
检查技术接入	游戏QA
	统计后台数据准确性验收
	新手期玩家行为数据验收
	GM功能验收
活动准备	游戏内活动
	5星好评活动
	加Q群活动
提交渠道	开发者后台上传客户端
	填充游戏专区信息
	提供礼包码及说明文档
	提供广告图
	跟进审核进度，打回后重新提交
	沟通上架时间
GM功能测试：封测用到的GM功能主要有公告，邮件，礼包码 **提交渠道**：商务流程需要更提前一点，一周时间不一定能够完全搞定	

图1.5　封测准备清单3

提前1天	
检查游戏设置	充值关闭（如果不开充值）
	商城购买测试
	服务器名称
	游戏公告（登录，游戏内，滚动）
	活动测试
	QQ群，微信推荐
公告准备	宕机补偿公告
	严重Bug公告
	停机维护公告
	临时更新客户端公告
删档	进服检查删档情况
游戏公告：公告里一定要说明本次测试是删档的，不然玩家玩了半天都不知道会非常郁闷 **公告准备**：上线前就要考虑到各种突发情况，提前准备好公告，等事发时再准备一定来不及	

图1.6　封测准备清单4

<table>
<tr><th colspan="2">上线当天</th></tr>
<tr><td rowspan="3">检查下载页面</td><td>icon，截图</td></tr>
<tr><td>游戏介绍</td></tr>
<tr><td>下载，安装，启动</td></tr>
<tr><td rowspan="7">上线关注点</td><td>新增玩家</td></tr>
<tr><td>激活量</td></tr>
<tr><td>QQ群</td></tr>
<tr><td>在线</td></tr>
<tr><td>玩家行为数据</td></tr>
<tr><td>下载市场评论</td></tr>
<tr><td>渠道论坛</td></tr>
<tr><td colspan="2">测试游戏：在渠道下载之前，一定要把内部测试版本卸载，并清除手机缓存。不然可能会出现一些异常情况</td></tr>
<tr><td colspan="2">上线关注点：上线后一定要频繁地关注各个可以获得数据和用户反馈的地方，快速地发现问题解决问题</td></tr>
</table>

图1.7　封测准备清单5

1.2.2　比较通用的运营需求

大部分研发团队自身的精力全部都投入到了产品设计本身，对于产品上线后运营需要的支持不一定有所考虑。运营就需要提前预判，在上线前就把我们需要的支持和为什么需要这些支持提前跟研发沟通。有了这些技术上的支持，我们开展运营工作的时候就能大大提高效率，增强运营工作的效果。

产品研发团队的精力是很有限的，不但要开发版本，还要帮助完成一些运营需求。所以大部分情况下，下面的这些需求很难全部在上线前完成。作为运营我们要理解研发的状况，替他们着想，所以先简单说明一下在不同的测试阶段有哪些必须要实现的需求，如果这些需求没有实现会大大影响运营工作的效率。剩下不必需的需求可以根据实际的情况再排期。

不收费封测前必须完成：

1. 公告配置（登录，游戏内，广播）
2. 邮件发放
3. 发放道具
4. 礼包码生成，礼包码提示语
5. 白名单

收费删档前必须完成：

1. 充值删档返利需求
2. 回归邮件

3. 封停禁言
4. 活动面板

不删档前必须完成：

1. 礼包码补仓，礼包码查询
2. 服务器状态修改
3. 客服面板
4. 故障预警

一、告诉玩家，让玩家知道

当我们做了活动，修改了版本，或者需要维护的时候，我们需要让玩家知道这些信息。

很多误会都是因为信息不对称造成的，所以作为运营，我们需要时刻让玩家知道我们在做什么，或者计划要做什么。下面就是一些通知玩家的方式。

■ 登录公告

登录公告一定要在GM后台上进行配置，方便运营人员灵活地修改和调整。

登录公告不建议放太多内容，因为玩家打开游戏最急迫的事情就是进入游戏。而不是在进入游戏前看一大堆的公告。所以登录公告最好简短，只通知最重要的信息，特别是进入游戏前必须要知道的信息。例如，维护公告，更新公告，开服信息等。这些信息都是在进入游戏前需要知道的，而其他不需要进入游戏前知道的信息则不建议放在登录公告上。

可配置参数	说明备注
开始时间	
结束时间	
渠道	可以给不同渠道配置不同的公告
标题	
内容	可加超链接、可自定义颜色，可换行

图1.8　登录公告技术需求文档

■ 游戏内公告

游戏内公告同样需要在GM后台实现可配置。

游戏内公告的作用很广泛，但是如果是很重要的信息，除了游戏内公告外，最好再通过其他的方式来强化，因为认真看游戏内公告的玩家很少。大部分玩家都没有耐心看大段大段的公告。

可配置参数	说明备注
开始时间	
结束时间	
服务器	可多选，可全选
标题	
内容	可加超链接、可自定义颜色，可换行

图1.9　游戏内公告技术需求文档

■ 客服面板

客服面板是一个很容易被忽视的细节，但是也很重要！有些玩家在遇到困难时会联系客服求助，如果他找不到客服的联系方式，就很有可能离开。所以客服信息有可能挽留住更多的玩家。

客服面板不是一定要放在GM后台来配置，因为这些信息很少修改。不过一定要实现“不同渠道的客服面板内容可以不同”这个需求，因为有些渠道不让在游戏内展示渠道之外的任何联系信息。

可配置参数	说明备注
渠道	有些渠道不允许放客服信息......
内容	可自定义字体颜色

图1.10　客服面板技术需求文档

■ 活动面板

活动面板会频繁地更换，所以这个功能也要实现在GM后台上的灵活配置。

活动面板是非常重要的一个功能，很多玩家不参加活动不是因为他们不想参加，而是因为他们根本不知道活动的存在！

活动面板是运营最有效提升收入的工具，所以活动面板一定要单独提出来，独立做！当有新的活动上线后，活动面板的入口要有闪烁效果，吸引玩家来看。比如，做一些免费活动，让玩家觉得经常有福利可以在活动面板里领取。这样久而久之就能让玩家养成看活动面板的习惯了。

可配置参数	说明备注
开始时间	当有新活动上线后，入口会有闪烁效果
结束时间	
服务器	可多选，可全选
标题	
内容	可加超链接，可自定义颜色，可换行
排序	可以自定义活动排序

图1.11　活动技术需求文档

■ 邮件

邮件是游戏里最重要的点对点的信息传递方式，并且十分有效！

邮件一定要慎用，如果邮件使用得太频繁，玩家会慢慢厌烦，忽视邮件里的内容。如果用得好，玩家会重视每一封邮件！

同时，邮件也是一个重要的补偿手段，所以附件功能是邮件的必备功能！

邮件可以发送附件，所以也是一个非常危险的功能。如果没有做好各种报错信息，或者没有做好权限控制，就会很容易发生运营事故，很多运营事故都是由发邮件引起的。

可配置参数	说明备注
发送时间	设置未来时间可实现定时发送
失效时间	长时间不开启邮件会自动消失
发送范围	单人，全服
角色ID	多个角色ID之间用逗号隔开
邮件标题	根据UI做长度限制，超出有报错
邮件内容	根据UI做长度限制，超出有报错
邮件附件	填写附件信息

图1.12　邮件技术需求文档

说明：

1. 发放元宝时使用红色做标注，避免人为失误。
2. 发送元宝的数量超过一定数量后发出警告，避免人为失误。

■ 广播（跑马灯）

广播就是可以在屏幕上方不停滚动播放的公告，玩家只要在游戏里就一定会看到，并且无法关闭。

广播的内容主要有以下几种：

- 和每个玩家息息相关的重要信息，例如：维护通知，更新通知。
- 一些常用的游戏Tips。
- 官方QQ群，官方网站，客服联系方式等。
- 玩家炫耀性的信息，例如：恭喜xx玩家获得了极品武将赵云。

由于广播里的信息又多又杂，所以需要做好内容归类和优先级划分，将重要的广播优先播放，避免重要的信息排队很久一直播放不出来。

可配置参数	说明备注
开始时间	
结束时间	
间隔时间	每隔几分钟播放一次
服务器	可多选，可全选
内容	

图1.13 广播技术需求文档

二、惩罚手段

游戏世界里，除了玩家，还有骗子竞争对手、造谣者、不法分子……

如果放任这些人在游戏里捣乱，游戏环境会不断恶化，所以遇到这种破坏游戏环境的人一定要严惩不贷！

■ 封停

有时候我们需要对玩家账号进行一些特殊操作，比如会使用到封停的功能，让玩家无法登录，以便我们对账号进行操作。

不过大部分情况下，封停是针对一些性质严重的情况进行的惩罚，例如以下几种情况。

- 卖元宝的商贩，大部分是骗子
- 竞争对手来游戏里拉人
- 传播反动、淫秽等不法信息
- 利用游戏Bug破坏游戏平衡的玩家

封停账号之后，玩家就无法登录游戏了。当玩家使用登录游戏时需要告知玩家：账号已经被封停，请联系官方客服进行解封。同时告知他解封的时间。

可配置参数	说明备注
封停开始时间	
封停结束时间	
封停类型	角色封停 / 账号封停
角色ID	
账号ID	
封停提示	这段话在玩家登录时可以看到

图1.14 封停技术需求文档

禁言

禁言针对的是正常玩家，这些玩家是为了玩游戏才进入游戏的，只是他们因为某种原因，影响了聊天的环境，例如以下几种情况。

- 不断刷屏的玩家
- 在聊天频道里不断辱骂他人
- 造谣欺骗其他玩家

玩家被禁言后，在一段时间内无法聊天。当玩家试图聊天时，会提示玩家他因为某些原因处于禁言状态，同时告知他解禁的时间。

可配置参数	说明备注
禁言开始时间	
禁言结束时间	
角色ID	
禁言提示	这段话在玩家试图聊天时可以看到

图1.15 禁言技术需求文档

礼包码

礼包码就是玩家通过各种渠道领取到的一串码，在进入游戏后使用，可以获得一些特定的礼包。礼包码是一个使用很频繁的功能，因为安卓渠道和游戏媒体等合作伙伴都会有无穷无尽的礼包码需求。

礼包码是很多公司头疼的事情，哪些需求要满足，哪些需求不能满足，做多少，做多久，等等都是问题。有些游戏因为礼包码问题处理的不妥当而伤了与渠道的关系，伤了用户的感受，后果会非常严重！

对于礼包码的处理没有标准答案，只能给大家一些参考建议，至于怎么做决定就要看具体情况了。

关键点一：不要打破游戏平衡

礼包码不要给太多，如果给太多，玩家就没有了付费的欲望。有些玩家花了成千上万元得到了一个厉害的武将，而你却通过礼包免费发了一批，那么花钱玩家的感受肯定会很不好！所以不建议在礼包码里放价值非常高的东西。

关键点二：不要伤了渠道关系

渠道的礼包需求是非常大的，如果完全满足，就可能遇到上面说的打破游戏平衡的问题。如果不满足，渠道就感觉你不配合，自然得不到渠道的大力支持。所以满足多少就要根据实际情况来定了，不要因为渠道要的价值高就一概否定，保持良好的渠道关系是非常非常重要的！

关键点三：每一批生成的礼包都要做好记录

游戏还没上线就可能会收到几百个礼包码的需求，如果我们不详细地记录礼包码的信息，就很容易出乱子。如果我们自己都不知道给渠道A做了多少礼包，那么如何平衡渠道之间的关系呢？

所以我们要用一个表格记录每一批礼包码的重要信息：

- 礼包名
- 使用期限
- 使用区服
- 使用渠道
- 生成数量
- 互斥规则
- 礼包内容及价值

礼包码生成

礼包码的生成环节需要考虑很多问题，渠道限制，服务器限制，使用周期限制，互斥规则等都要考虑周全，如果礼包码生成的环节出现问题有可能会对游戏有很大的负面影响。

可配置参数	说明备注
服务器	可多选，也可以全服
同批号使用限制	一个账号在同一批码中最多使用几个不同的码
单码使用限制	同一个礼包码能够被多少个账号使用
互斥组	当多批不同的礼包码使用同一个互斥组时，玩家使用互斥组中的一批码，则不能使用同互斥组的其他批次礼包码
礼包名	辨识礼包具体内容的参数很重要，不可重复，可用中
礼包描述	运营人员使用，说明礼包的使用途径和大致内容，备注用，玩家不可见
有效时间	可设置开始时间和结束时间

图1.16　礼包码生成技术需求文档

说明：

1. 同一个码使用后即作废，不可再次使用。
2. 当对同一个礼包名进行多次生成时，属于扩充操作，生成内容相同的新码。
3. 激活码里不要出现0、O、1、I，这些数字和字母很容易混淆。

■ 礼包码提示

由于礼包码背后的规则十分复杂，很多规则玩家根本搞不清楚。礼包码如果提示做不到位，那么会产生大量的问题。所以礼包码的提示语需要单独提出来，让项目组重视起来，把提示语做得更周全，更人性化。提示语做得好可以大大降低客服的工作压力，因为在客服问题中有很大一部分比例都是与礼包相关的问题。

出错情况	提示语
客户端不对应	您的版本无法使用该礼包码，请您去下载游戏的地方获取对应的礼包码
不在有效期内	您的礼包码已经超出有效期
服务器不对应	该礼包码只能在【S1-S5】服务器中使用
超出使用次数	您已经使用过该礼包码，无法再次使用

图1.17　礼包码提示技术需求文档

■ 礼包码补仓功能

游戏上线后会经常遇到之前生成好的礼包码用完了的情况，渠道需要补充一批同样的礼包码，让玩家继续进行领取。

可配置参数	说明备注
补仓批号	填写过去批号，所有配置使用该批号的设置
补仓数量	
下载补仓码	只下载补仓的新码

图1.18　礼包码补仓功能技术需求文档

说明：补仓批号必须是之前生成过的礼包码批号。

■ 礼包码使用查询

礼包码发放之后，需要跟踪后续的使用情况，要知道有多少礼包码被使用了？是哪些服务器的玩家使用的？是哪些渠道的用户使用的？等情况。通过礼包码使用的查询，我们可以评估各个渠道导量的能力。另外，当玩家联系客服说：“我的礼包码无法使用”时，客服也能快速地核实并反馈玩家。

可查看数据	说明备注
礼包批号	
礼包描述	可以查看这批礼包码是给谁生成的，用于什么途径
生成数量	
使用数量	已经被使用过的数量
渠道使用分布	已使用的礼包都分布在哪些渠道
服务器使用分布	已使用的礼包都分布在哪些服务器中

图1.19　礼包码使用查询技术需求文档

三、日常工作运营需求

游戏开服、更新版本是运营的日常工作，如果有了项目组的支持，开发了下面的功能，那么我们就能十分高效地完成这些日常工作内容。

■ 服务器状态修改

当做开服、更新、维护等工作的时候我们就需要修改服务器的状态，让玩家知道现在服务器处于什么状态。同时，运营通过服务器列表的调整，可以控制新用户的去向，我们希望用户进入哪个服务器就推荐哪个服务器。

可配置参数	说明备注
服务器	可多选
状态	推荐，新服，火爆，维护，更新（只能选择其中一个）

图1.20　服务器状态修改技术需求文档

■ 白名单功能

白名单功能是为了测试人员提前进入服务器，以便进行各项测试。如果发现问题就可以在大量用户进入前解决。每次更新客户端的时候，渠道的测试人员也会用到这个功能，所以一定要做这个功能，不然更新环节就无法走通了。

需求细节：

只要账号ID被添加到白名单内，就可以在玩家无法进入服务器的时候，提前进入服务器进行游戏测试。

四、删档相关需求

游戏删档涉及了很多后续的处理工作和补偿工作。如果这个部分考虑的不周到会伤害到删档测试期间进入的玩家。这部分玩家价值非常大，如果伤了这批玩家，后果会很严重。

■ 回归礼包

参与删档测试的玩家，在下次测试时使用相同的账号登录游戏就可以领取一个独有的游戏礼包。由于这个需求只使用很少的次数，所以不需要将功能实现到后台上，技术人员手动操作一下即可。

大致流程：

1. 导出上次测试的玩家账号库。
2. 运营将邮件标题、内容、附件等信息发给程序。

3. 程序配置了一个邮件，只要发现账号库里的账号登录了游戏，就自动发放回归邮件。

■ **删档返利需求**

充值删档测试期间，玩家充值的所有元宝和VIP经验，在下次不删档开服后多倍返还给玩家。不删档开服后，玩家进入游戏，主界面有一个删档返利的入口，点击后显示玩家在删档测试期间的所有充值金额。同时显示返还给玩家的元宝和VIP经验数量，玩家点击领取后，返利的入口不再显示。

删档期间没有充值的玩家不会显示该入口。

可配置参数	说明备注
元宝返还倍数	支持小数点后一位，如果返还元宝数量存在小数需要特殊处理
VIP返还倍数	建议默认为1

图1.21　删档返利需求技术需求文档

比如，删档期间玩家充值10元，获得200元宝（首充翻倍），接着又充了2笔10元（每笔100元宝），那么不删档开服后，返还给玩家：

2倍元宝，（200+100+100）× 2=800

1倍VIP经验，100+100+100=300

1.2.3　手游中比较通用的活动需求

活动是运营工作中比较重要的一部分，很多活动的逻辑都是一样的，只是每次变换一下奖励内容而已，所以针对活动可以做一些通用的功能。这些功能开发好后，技术团队就可以专心地做游戏内容了，运营通过这些功能可以灵活地配置各种活动。

下面的活动需求几乎适用于所有类型的游戏，局限性比较小。除了这些需求之外，运营还需要根据游戏的特点来补充一些活动，不然活动会非常单调。以下活动大部分都不是针对封测使用的，不需要在封测前全部完成，不过提前发给研发，这样就可以让研发更合理地对需求进行排期。

■ **免费领取活动**

通过游戏内活动面板或者NPC给玩家免费发放奖励的活动功能。主要目的是给玩家大范围地发放福利。

比如：

活动期间，登录游戏即可领取100元宝，xx宝箱，1w金币。每天都能领取一次。

活动期间，登录游戏即可领取100元宝，xx宝箱，1w金币。整个活动期间只能领取一次。

说明：

1. 领取方式有两种，一种是每天都能领取一次，另一种是活动周期内只能领取一次。
2. 奖励内容不超过5种，奖励内容不填写时报错。
3. 开始时间到了自动开启，结束时间到了自动关闭。

可配置参数	说明备注
服务器	可多选
开始时间	
结束时间	不能小于开始时间
等级限制	只有大于等于等级限制的玩家才能领取奖励，不填写为无限制
领取方式	每日领取1次、周期领取1次，必选其中一种
奖励内容	类型ID、道具ID、数量，不填则报错

图1.22　免费领取活动技术需求文档

■ 兑换活动

通过兑换活动可以实现道具收集、资源回收、跨系统的价值转换，还可以做一些变相的消费和促销活动。大致规则就是通过几种道具或资源的组合来换取另外一些道具或资源。

比如：

活动期间，使用3个道具a、5个道具b和100元宝，可以兑换1个道具c，每人每天只能兑换1次。

可配置参数	说明备注
服务器	可多选
开始时间	
结束时间	不能小于开始时间
等级限制	只有大于等于等级限制的玩家才能领取奖励，不填写为无限制
兑换限制类型	每天限制，总限制（2者必选其一）
兑换限制次数	
投入项	类型ID、奖励ID、数量（不填则报错）
产出项	类型ID、道具ID、数量（不填则报错）

图1.23　兑换活动技术需求文档

说明：

1. 兑换项左右不超过3种（种类越多越容易出问题）。

2. 每个兑换条件都有一定次数的限制（两种限制：每日限制，活动周期限制）。
3. 玩家道具或者资源不足时可以显示出来是哪种道具不足。
4. 兑换项左右两侧必须大于1种且不超过3种。
5. 有些兑换项有一定的等级限制，不符合等级条件的在点击兑换时提示等级不足。

■ 累计充值消费活动

玩家在活动期间内，充值（或消费）到活动指定额度即可获得该档次的奖励，每个档次只能领取1次。这个功能需要活动面板的支持，玩家可以看到每个充值档次是多少，对应了什么奖励，自己的充值金额，领取奖励的按钮等信息。让玩家直观地了解到活动详情，方便地领取活动奖励。

比如：

活动期间，充值/消费到一定档次，即可领取对应奖励。

充值/消费100元宝：道具a*2，道具b*10，道具c*1。

充值/消费200元宝：道具a*2，道具b*10，道具c*1。

充值/消费300元宝：道具a*2，道具b*10，道具c*1，道具d*10。

充值/消费400元宝：道具a*2，道具b*10，道具c*1，道具e*50。

说明：

1. 只有活动期间的充值（或消费）金额会计算在内。
2. 只看累积金额，不管充值次数。
3. 每个档次只能领取一次。
4. 累积充值和累积消费的活动可同时开启。
5. 每个档次的奖励不超过5种，必须大于1种。
6. 界面上展示出每个档次的金额和奖励内容。
7. 符合条件后，档次后面的领取按钮变为可点击状态。
8. 活动界面显示玩家当前的充值（或消费）金额。

可配置参数	说明备注
服务器	可多选
开始时间	
结束时间	不能小于开始时间
类型	充值 / 消费
额度	每个额度后面跟5套奖励参数
奖励参数	类型ID，道具ID、数量（不填则报错）

图1.24　累计充值消费活动技术需求文档

■ 循环充值消费活动

玩家每充值（或消费）一定额度，即可领取奖励，可循环领取。

比如：

活动期间，每充值/消费100元宝，即可领取一个xx礼包。

说明：100元宝可领取1个，500元宝可领取5个，1000元宝可领取10个。

说明：

1. 界面上要显示：已充值金额，可领取次数，已领取次数，奖励内容，领取按钮，次数限制。
2. 玩家可以多次充值和多次领取，只要符合条件即可。
3. 达到次数限制后无法领取。
4. 一个档次的奖励不超过5种。

可配置参数	说明备注
服务器	可多选
开始时间	
结束时间	不能小于开始时间
类型	充值 / 消费
档次	以元宝为单位
领取次数限制	必填项
额度	每个额度后面跟5套奖励参数
奖励参数	类型ID、道具ID、数量（不填则报错）

图1.25　循环充值消费活动技术需求文档

■ 商城配置

可通过后台任意修改商城配置，主要作用是在上下架道具时使用。通过后台直接控制，不需要更新客户端。

可配置参数	说明备注
服务器	可多选
开始时间	到时间了自动生效
结束时间	不能小于开始时间
商城内容表	一般为csv格式，包含位置、道具ID、价格

图1.26　商城配置活动技术需求文档

说明：

1. 开始时间到了，自动读取商城表。

2. 结束时间到了，恢复到开始时间之前的商城配置。
3. 商城表可以控制位置、道具、价格。

■ 商城限时打折

可在商城做一些“限时打折”、“限量疯抢”的活动。通过后台可以直接操作，不需要更新客户端。这样的话打折活动会很顺利地开展。

说明：

1. 活动只在配置时间内生效，活动结束后自动恢复原价。
2. 商城界面要显示原价和现价，原价被划掉，并有明显的打折标识。
3. 每个人有限购次数，限购次数有两种，一种是按天计算，另一种是按整个活动周期计算。
4. 限购范围：一种是单人限购，另一种是全服限购。

可配置参数	说明备注
服务器	可多选
开始时间	到时间了自动生效
结束时间	不能小于开始时间
商城内容表	一般为csv格式，包含位置、道具ID、价格
限购类型	每天 / 周期内
限购次数	必填项
限购范围	单人/全服

图1.27　商城限时打折活动技术需求文档

■ Buff类活动

在某些系统上可以偶尔做一些限时的Buff效果，这样能让玩家感觉到一些新鲜感和目标感。这个需要根据不同游戏设计不同的Buff。

比如：

活动期间全服玩家打副本可获得120%的经验。

活动期间试炼的产出翻倍。

说明：

1. Buff最好在系统界面上（地图、结算面板、主界面……）有展示，让玩家能够感知到活动的存在。
2. Buff倍数必须大于1，且不能超过5。

3. 预留3个扩展参数，例如“打怪经验2倍”只在部分地图开放，就需要加上地图参数。

可配置参数	说明备注
服务器	可多选
开始时间	到时间了自动生效
结束时间	不能小于开始时间
Buff系统	系统a，系统b，系统c
Buff倍数	必填项，且必须大于1，可以为小数（不能超过5）
Buff扩展参数1	选填（给活动留一些可扩展的空间）
Buff扩展参数2	选填（给活动留一些可扩展的空间）

图1.28　Buff类活动技术需求文档

■ 特殊掉落

适合在节日的时候做这种活动，比如端午节可以掉落粽子，元宵节可以掉落元宵。这种活动可以增加节日气氛，提升玩家的游戏体验。同时可以限定一些掉落的范围，引导玩家去参与特定的系统或者特定的副本。

比如：

活动期间，困难的副本可掉落粽子。

活动期间，所有副本可掉落粽子。

活动期间，试炼可掉落粽子。

说明：

1. 特殊掉落不影响原来掉落的道具和掉落概率。
2. 特殊掉落开启后在副本或者场景中可见，让玩家能在不看公告的情况下感知到活动的存在。

可配置参数	说明备注
服务器	可多选
开始时间	到时间了自动生效
结束时间	不能小于开始时间
掉落地图	多个地图ID可以用分隔符（半角逗号）分隔，填写all则全 掉落ID 落
扩展参数	根据不同游戏使用
掉落ID	可扩展多个ID，每个ID跟一个概率
掉落上限	这个ID最多掉落的数量，防止无限刷

图1.29　特殊掉落技术需求文档

■ 大转盘活动

玩家在游戏里可以通过转盘抽奖，转盘只有在活动期间才会显示。转盘提供抽1次、抽10次和抽100次3种选项。

这种大转盘活动的接受度很高，因为这种方式在线下也十分常见。当玩家看到其他人抽到好东西的时候很容易“眼红”。

说明：

1. 开始时间自动生效，结束时间自动关闭。
2. 每次转盘消耗一定数量的元宝或其他资源，可配置每次消耗多少。
3. 转盘上显示每个位置的奖励icon及数量。
4. 转盘旁边有一片区域用来展示抽中大奖的玩家角色名和抽中的奖励。
5. 顶级的奖励抽中后，全服播放广播。
6. 顶级的奖励可以添加保底设置，避免运气不好的大R玩家一直抽不到，玩家在转盘上消费超过保底金额就直接出奖励。

可配置参数	说明备注
服务器	可多选
开始时间	到时间了自动生效
结束时间	不能小于开始时间
货币种类	元宝，铜钱（或其他资源）
每次消耗数量	必填
转盘配置	CSV格式。位置号，奖励类型，奖励ID，数量，概率，是否上电视，是否全服广播，保底
掉落上限	这个ID最多掉落的数量，防止无限刷

图1.30　大转盘掉落活动技术需求文档

1.2.4　封测期间的工作重点

上文已经说过了，封测最重要的目的就是——发现问题，解决问题！

发现问题主要通过以下两个主要方式：

1. 用户反馈
2. 游戏数据

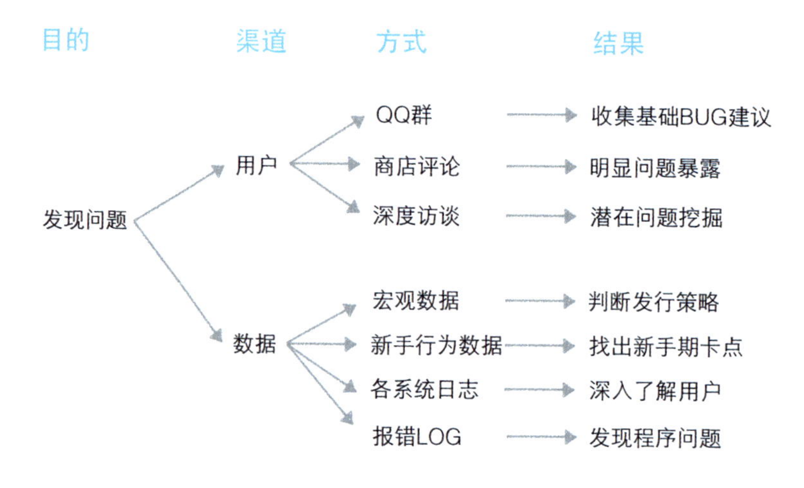

图1.31　封测期间重点工作

一、用户层面

在分析用户反馈前首先要知道封测的用户是谁！

《简约至上：交互设计四策略》这本书中将用户分为“专家型用户”，“随意型用户”和“主流用户”3大类，我们借用这种分类的方式将游戏用户分为专家型用户、随意型用户和主流用户3类。

注释

《简约至上:交互式设计四策略》：国际知名交互式设计专家力作，赢得大多数主流用户的内功心法，创意图文，字字箴言，读来令人手不释卷。

- **专家型用户**

极具探索精神，不断地尝试刚开启测试的新游戏。这一类用户总体上占极少数。

- **随意型用户**

有兴趣玩全新的游戏，但不会主动寻找刚上线测试的新游戏，如果看到了某些感兴趣的游戏就愿意去试一下。这类用户占比也比较少。

- **主流用户**

这类用户不会因为游戏的玩法创新而去玩，他们也不会主动找游戏，玩游戏是因为游戏的名气非常大，或者身边的人推荐才开始玩。在封测阶段，主流用户较少，大部分是专家型用户和随意型用户。所以你得到的玩家反馈并不代表主流用户的观点。

举一个具体的例子。

某动作类游戏，封测的时候玩家反馈游戏难度还不够，没有挑战性。于是研发加大了难度。但是当大规模推广的时候，发现大众玩家根本玩不过去，造成了很强的挫败感，从而流失了很多用户。所以对于封测期间的玩家反馈，一定要先告诉自己“这些玩家都是高端玩家，比例非常小，主流玩家不如他们会玩游戏”。

有了以上的认识后，我们主要通过QQ群、商店评论和深度访谈3种方式收集用户反馈。

■ QQ群

这是封测期间最主要的用户沟通方式！因为QQ是及时性最强的交流工具，封测需要的就是及时性。创建QQ群之后第一步就是不断地在游戏里推广QQ群，此外进群送礼包的方式是快速有效提升QQ群人数的手段。

用户进来后，我们的工作还没有结束。我们的目的是让更多的玩家反馈更多的东西，而不是在进群后潜水，做好下面的两点就能获得更多的用户反馈:

1. 对QQ群里的玩家反馈快速回复，让玩家感受到我们很重视他。
2. 对于提供Bug和建议的玩家赠送一些奖励，适当的激励是很有效的方式。

■ 商店评论

一般情况只有很小比例的用户会去应用商店评论你的游戏，对于小问题玩家是不会跑去应用商店写差评的。所以玩家来评论，不是因为他很喜欢你的游戏，而是因为他觉得游戏很烂。

注释

应用商店：一个平台，用以展示、下载手机适用的应用软件。常见的应用商店有小米应用商店、应用宝、豌豆荚等。

对于我们来说最有价值的是玩家的差评，这些差评能够说明游戏当前存在哪些很严重的问题。

■ 深度访谈

玩家在QQ群和其他一些公开场合反馈的东西比较简单直接。很少有人在QQ群里发一条万字长文，告诉你他对游戏较深层次的感受。为了更深入地了解用户，最好在测试快结束的时候单独跟一些用户取得联系，深入地去挖掘用户的想法和感受。

访谈的时候，建议事先准备好一些问题。但是在访谈的过程中也不能完全拘泥于这些问题，可以灵活地发散，事先安排好的问题只是提供一些方向。如果被问题所局限住，那么很多有价值的信息就无法获取了。说白了就是跟玩家聊天，聊得越多越投机，我们获取到有价值的信息就越多。

虽然用户反馈非常有用，但是用户也是会撒谎的，再加上封测期间的用户并不能代表主流用户，我们得到的反馈又是少数用户提供的，所以用户反馈不要轻信，一定要结合数据来做最终的判断。从发现问题的角度来看，数据发现的问题数量更多，也更加精准。

二、数据层面

想要通过数据发现问题，首先要有数据！很多团队意识不到数据的重要性，一味地去制作版本内容，但是数据记录却是缺失的。测试完之后无法精准地定位问题原因，只能凭主观感觉和用户反馈来做修改。实际上很多情况是只有数据才能暴露问题，比如某些机型的适配问题是很难通过用户反馈来发现的。

以下4个数据是一定要记录的。

■ 宏观统计数据

宏观统计数据就是大家常说的新增、活跃、充值、留存率、付费率、ARPPU等关键指标。如果厂商有自己的统计后台，那么就使用自己的后台。如果厂商没有自己的统计后台，那么可以使用第三方的数据后台（例如：talkingdata、友盟、Dataeye）。使用第三方的统计后台的风险在于数据保密性。

有了宏观数据，我们就知道产品在市场上的竞争力如何，就能更好地制定后续的发行策略。

■ 新手期行为数据

这个数据是指玩家从打开游戏起的每一步操作和行为，这些数据是客户端的数据。目的是发现在哪些地方卡住了玩家，然后针对这些卡点进行优化。这个功能在一些第三方的统计平台也能实现，不过最关键的是要知道采集哪些行为。

进入游戏是一个看似很简单的过程，但是仔细记录下来的话也有非常多的步骤，下面就是一个玩家从打开游戏到进入游戏的流程图，流程图中的每一个步骤都需要记录！

说明：

1. 这个流程图不一定适合所有游戏，仅用图1.32中的流程图来表达数据埋点需要记录到多么细致！
2. 图1.32中有些步骤玩家并没有做任何行为，但是同样需要记录。当问题出现的时候更容易定位。

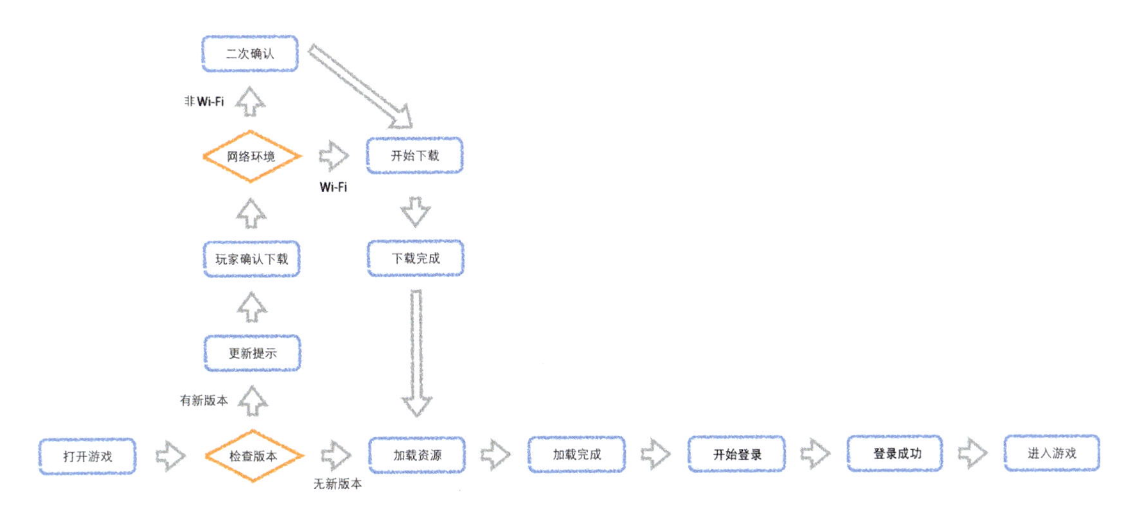

图1.32　进入游戏流程图

■ 各系统日志

各系统日志是指玩家使用各个游戏系统的记录数据。比如玩家在某个时间强化了一次装备，某个时间打了1次副本第3关，某个时间升级到10级……这些数据呈现了用户是如何玩游戏的，以及做了哪些事情。帮助我们更多地理解用户，同时我们还能统计这些日志，看看不同系统的玩家的接受度和使用度。

当测试结束后，我们可以去观察一些用户，尤其是付费用户的每一个行为，通过观察这些行为我们会发现一些很有意思并且对游戏设计很有帮助的信息。

■ 崩溃日志

崩溃日志主要是给技术人员使用的，用来解决游戏崩溃的问题。技术人员应该知道崩溃日志怎么做，这里就不做过多的说明了。

三、封测结语

封测主要是为了解决游戏问题。优化留存和付费数据，这两个关键数据的优化是永无止境的，因为产品到了封测这个阶段已经无法产生质的飞跃了！但如果为了追求极致而不停优化下去，那么内测的时间就遥遥无期了。手游市场变化非常快，市场时机是非常重要的，不要因为优化而错失了市场时机。所以在解决了产品当前阶段的关键问题之后，就应快速开始准备内测的工作。

1.3 内测

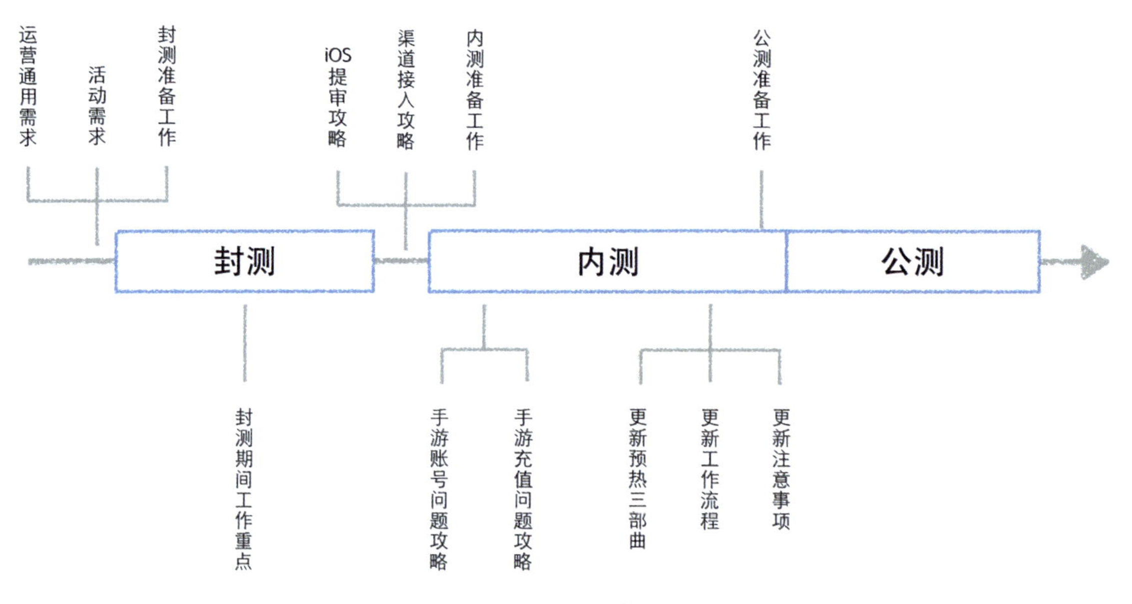

图1.33 内测封面

内测就已经开始大规模地推广了！在这个阶段会有大量的用户进入游戏，所以准备工作是非常重要的。如果准备工作做得不充分，那么上线后会遇到非常多的问题，项目组和运营组的压力就会非常大。同时，内测前期是渠道考核产品的重要阶段，如果前期表现不好，渠道就很难给出足够的资源。所以，除了充分考虑用户和产品之外，还要更多地考虑渠道关系和渠道资源。尽量给渠道交出一份满意的答卷！

1.3.1 内测准备工作清单

由于内测需要开始接入更多的渠道，同时不会再删档，所以渠道方面的工作会增加很多，下面就详细说明前期需要准备哪些工作。

国内比较通用的准备工作清单如下：

提前1个月	
法律程序	软件著作权
	商标
账号申请	百度贴吧
	微博
	微信
美术素材	最终版本ICON
	最终版本截图
游戏官网	网站设计及制作（必须完美适配移动端）
	游戏资料，攻略撰写
技术接入	运维工作流程确定
	渠道SDK接入
	客服后台接入
渠道评测需求	评测包，不接入任何SDK
	100个高级账号，高等级，功能全开，大量元宝和VIP等级
美术素材：不同渠道对美术对尺寸要求不同，后面的章节再做详细说明	
技术接入：在技术接入前需要商务人员先走完商务流程	

图1.34　内测工作清单1

提前2周	
礼包码	整理各渠道、媒体的礼包需求
上架素材	询问各渠道喜欢的ICON
	各种公司游戏相关资料
	美术素材（icon，截图，广告图）
	著作权、营业执照等证明
百度贴吧	精品区分类
	按分类填充内容
	游戏精美图片添加（通过帖子形式）
微信建设	设置自定义菜单
	自定义回复设置
	微信发码功能开发
百度百科	确保审核通过
后台检查	统计后台数据检查
	客服后台所有功能验收
	GM所有功能测试
上架素材：不同渠道对素材的要求不同，后面的章节再做详细说明	
后台检查：这个步骤最容易被忽略，一旦这个环节出现问题，后果将非常严重	

图1.35　内测工作清单2

提前1周	
游戏测试	QA（渠道自测文档全部通过）
	运营检查角标，启动页
	关闭所有客服信息，QQ群信息，官方微信信息
活动准备	游戏内活动
	5星好评活动
	加QQ群活动
	论坛踩楼活动
	微信礼包活动
游戏内配置	游戏内公告配置
	游戏内活动配置
	游戏内商城配置
提交渠道	开发者后台上传客户端
	填充游戏专区信息
	提供广告图
	提交后告知下载时间，开服时间
	跟进审核进度，打回后重新提交
模拟	开服模拟
	更新模拟
	宕机，停服，事故模拟
	客服问题模拟
QA: 除了常规的测试外，主流的渠道都会有自测文档，文档中每个测试 都必须通过，不然渠道是不允许的 **审核跟进**：提交游戏包之后一定要频繁地去跟进一下进度，如果被打回要快速修改和再次提交，不然会影 **模拟**：这个很重要！这么做是为了让各个部门协调起来，熟悉流程	

图1.36　内测工作清单3

提前1天	
预下载	
提交客服信息	部分渠道不能上客服信息
公告准备	宕机补偿公告
	严重bug公告
	停机维护公告
	临时更新客户端公告
删档	
预下载：如果要预下载，一定要在打开游戏时就公告玩家开服时间，不然玩家会以为服务器出了问题	

图1.37　内测工作清单4

上线当天	
检查下载页面	icon
	截图
	下载，安装，启动（之前的内部测试版本要卸载，并清除手机缓存）
上线后频繁关注	新增玩家
	激活量
	QQ群
	在线
	微信
	自定义时间数据
	下载市场评论
	渠道论坛

图1.38 内测工作清单5

1.3.2 渠道接入流程详细解读

国内安卓渠道的错综复杂体现在以下几点：

1. 数量大，用户规模大，知名度高的渠道就有将近10家。二线和三线渠道全部加起来至少几百家，还有一些线下的渠道可以选择。
2. 接入需求不统一，不同的渠道需要准备不同的资料，接入流程中间的一些细节可能也不同。
3. SDK不同，有一些规模的渠道都会有自己的SDK，提供账号和支付功能。比较大的渠道还会提供更新功能、社区功能、客服功能等。
4. 测试要求不统一，不同的渠道对游戏测试有不同的要求，所以测试人员需要对不同的渠道进行不同的测试。
5. 对接人不同，每个渠道都有自己的对接人，接入的时候会一堆QQ群闪来闪去，非常壮观。

除了上面的5点之外，还有很多其他的困难，所以对渠道接入会让很多人非常头疼，甚至很多人搞不明白。下面笔者就把渠道接入这块做一些简化，同时把接入时的一些需要注意的关键点列出来，希望对大家有所帮助。

看似复杂的渠道接入可以简化为9步流程。

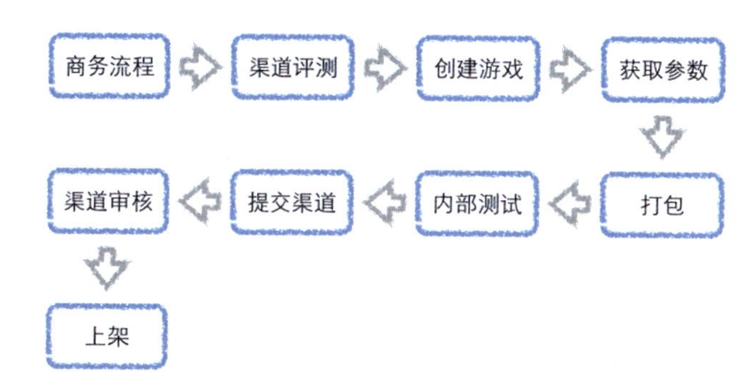

图1.39 渠道接入流程

下面详细解释9大步骤中需要注意的关键点。

■ 商务对接

这一步没有什么好说的，大概要做的几件事为联系到渠道的商务人员，确定合作关系，签订合同。如果渠道让我们提供一些资料和游戏版本，那么我们尽快满足即可。

■ 游戏评测

在游戏匮乏的阶段，渠道不会对游戏进行很严格的筛选。但是现在是产品过剩的行业阶段，渠道也开始挑选游戏进行接入了，不是所有游戏都能上线的，所以渠道会对游戏进行评测，看是否要接入。

当确定要接入之后，渠道会对游戏进行评级。由于产品还没有上线，所以都是主观层面的评级。主要涉及下面几个方面：

1. 美术、特效、UI、交互等表现层面。
2. 程序稳定性、流畅性、兼容性的评估。
3. 游戏玩法设计和体验层面。
4. 对游戏付费设计和收费能力的预估。
5. 对产品吸量能力的判断（是否有IP，公司品牌如何……）。
6. 对公司背景的评估。

注释

IP：游戏与电影、电视剧、小说、动漫等具有知名度的内容合作开发游戏，并且拥有对应的版权。

渠道评测之后，会根据这份评测报告来安排第一波的资源投入，而后续的资源投入主要看游戏的数据表现。第一波资源投入由于没有数据支持，所以主要根据这份主观的评测来协调资源。

因此这份评测会非常关键，它直接影响到你的游戏在第一波资源投入时能获得多少用户。

■ 创建游戏

渠道确定接入之后，就可以开始在渠道后台创建游戏了。创建游戏主要有以下两种方式：

1. CP（游戏研发商）自己在渠道开发者后台创建游戏。
2. 如果渠道没有开发者后台，则需要联系渠道工作人员，通过人工的方式进行创建。

本节末尾处有一个表格，可以查看各个渠道是如何创建游戏的（只要有开发者后台，一般都是通过开发者后台创建游戏的）。

■ 获取参数

这一步其实跟创建游戏是一起的，但是这个步骤非常重要，所以单独提出来，希望大家引起重视。

渠道一般会提供3个最核心的参数：App ID，App Key，App Secret。其中App ID主要是用来区分不同的产品，因为渠道上有成千上万的产品，需要有一个参数来区分不同的产品，App ID就扮演了这个角色。App Key和App Secret一般用来签名和充值验证，不过不同的渠道的使用方式也不太一样。有一些渠道会提供其他参数，也有一些渠道的App ID和App Key是同一个。

除了上面的3个参数外，打包时还需要另外一个参数——包名。

先来看看小米开发者文档里对包名的解释：

小米应用商店按照符合安卓标准的原则进行设计，使用包名（Package Name）作为应用的唯一标识。即包名必须唯一，一个包名代表一个应用，不允许两个应用使用同样的包名。包名主要用于系统识别应用，这几乎不会被最终用户看到。

对于游戏来说，建议采用下面的包名命名规则：

com.公司.产品.渠道——com.supercell.coc.mi

以下是关于包名的几点注意事项：

1. 应用发布后，千万不要修改包名。一旦修改了包名，就会被当作一个新的应用，旧版用户将无法收到应用商店的升级提醒。
2. 有些渠道会对包名做一些限制，而有些渠道没有限制。

3. 如果提交渠道时，包名跟渠道现有产品出现冲突，就需要更换另外一个包名。

■ 打包

打包就是技术人员的工作了，只要我们将渠道提供的参数和包名的规则发给研发，研发就可以根据开发者文档里的说明来打包。

打包有以下两种主要的方式：

1. CP自己逐个打包，每个渠道都需要接入一遍。
2. CP只需要接入SDK集成工具，SDK集成工具再接入各个渠道的SDK，这样游戏研发人员就会比较轻松。如果自己不想做这个工具，那么现在也有很多第三方公司提供这种工具。

图1.40是SDK集成工具的工作原理：

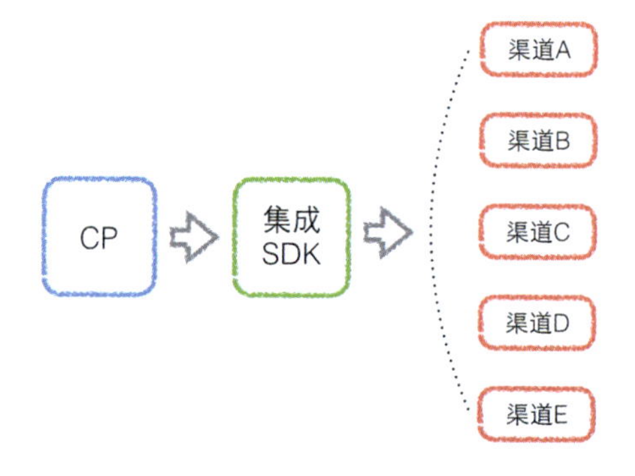

图1.40　集成SDK

■ 内部测试

这一步测试非常重要，虽然之后渠道也有测试审核的环节，但是主要的测试工作还是CP自己完成的，因为渠道很少对游戏内容做深入的测试，很难发现游戏内容方面的问题。而且如果在审核环节出问题，则会严重影响上线时间或者更新时间。性能测试应该是在游戏正式“见”用户之前就完成的，所以这里就不说明性能测试相关的内容了。

这个阶段的测试主要分为以下两个部分。

1. 游戏功能测试

游戏功能测试与游戏内容相关，与渠道SDK没有关系，主要是测试游戏在各个系统完成渠道接入后，是否稳定，是否存在什么问题。每个系统都需要测试一遍，保证每个功能都能正常地运转，没有什么致命的问题。

图1.41　测试方法

2. SDK功能测试

渠道SDK最核心的内容就是登录和支付这两大核心功能了，这两个功能一定不能出任何问题。除此之外，还有一些版本更新、社区和客服等功能，这些功能也需要测试一下。

注意：

1. 由于每家渠道的SDK不同，所以每个渠道包都要单独测试，不要认为一个渠道包通过测试了，其他渠道的就不会出问题。
2. 如果渠道提供了自测文档，一定要完成自测文档内的所有测试列表（list）。如果中间任何一个出现问题，那么都有可能无法通过渠道的审核。

■ 提交渠道

提交渠道是一个体力活，需要一家一家提交。不同渠道的提交方式不同，主要分为后台提交和人工提交两种。提交客户端的同时需要提供游戏配套的资料，包含游戏资料、美术素材、公司信息等。

下面帮大家整理了一下提交客户端时可能会用到的一些资料，提前准备好，可以提高提交的效率。

■ 渠道审核

审核虽然是渠道来做的，不过还是可以人为加速。跟渠道保持良好的关系可以在这个地方提供便利。提交渠道包之后要经常去看一下审核进度，如果被打回，则需要技术快速处理问题，然后快速重新提交。

游戏	测试	其他
游戏名称	测试类型	客服电话
游戏分类	预计上线时间	客服负责人+联系方式
游戏简介	是否首发	运营负责人+联系方式
游戏slogan	是否独代	代理授权书（代理产品）
包大小	收费类型	著作权证书（自研产品）
包名	自测文档反馈	营业执照
游戏介绍PPT	安装包	软件著作权
美术素材		
icon：最大1024px		
游戏截图：320*480、480*800、360*480、720*1280、2048*1536、640*1136、640*960、768*1024、750*1334、1242*2208、1536*2048		

图1.42　提交客户端的资料

渠道每天都有很多游戏需要审核，所以经常遇到排队的情况。因此我们在确定上线时间的时候一定要充分考虑审核的周期。不同的渠道，审核的速度也是不同的，我们要紧紧盯住那些审核速度较慢的渠道，避免因为个别渠道而影响整个游戏的上线计划。如果接入的渠道较多，则建议留出5个以上工作日（一定是工作日，节假日渠道不会处理这件事）的审核时间，这样会比较安全。

■ 上架

这一步没有特别需要说明的，一般都是提前跟渠道沟通好上线时间，然后不断地跟进，确认进度，保证客户端顺利上线即可。也有个别渠道的上架是CP自己来操作的，所以我们帮大家整理了各个渠道获取参数的方式，回调地址配置的方式，提包的方式，还有包名规则等重要信息。

大家可以登录“73居”团队博客（http://73team.cn），搜索“各渠道重要信息汇总”查看详情。

1.3.3　App Store提审资料汇总

在App Store后台上传新产品的时候需要填写很多资料，看似很复杂，其实搞清楚之后也比较简单。下面就给大家介绍一下iTunes Connect后台上传新App时需要提交的资料。不要等到该上传的时候再开始准备相关资料。

准备做充分，永远不会错！

游戏相关信息	
游戏名	App 在 App Store 中显示的名称。名称长度不能超过 255 个字符
游戏描述	对App 的描述，用以详细说明特性和功能
新版本描述	对新版本的描述，用以详细说明特性和功能
关键字	一个或多个关键词，用以描述App。关键词将使 App Store 搜索结果更加准确。关键词之间用英文逗点分隔
版本	要填入App 版本号。编号应遵循软件版本规范
类别	有选项
评级	xx岁以上

图1.43　审核资料1

美术素材	
App图标	1024px，PNG格式
游戏截图	5张不同，尺寸：640*1136、640*960、768*1024、750*1334、1242*2208、768*1024、1536*2048
游戏视频	尺寸：1136*640、1920*1080、1200*900、1334*750

图1.44　审核资料2

其他	
技术支持网址	含有关于App 技术支持信息的网址。此网址将在 App Store 中显示
营销网址	含有关于App 营销信息的网址。此网址将在 App Store 中显示
隐私政策网址	链接到您所在机构隐私政策的网址。面向儿童的、提供自动续费的 App 内购买项目，以及免费订阅的App均需隐私政策。另外，需用账户注册的、用现有账户进入的，以及有法律另行规定的 App 也需隐私政策。对于收集用户或设备相关数据的 App，也推荐使用隐私政策
版权	拥有 App 的专有权利的人员或实体的名称，前面是获得权利的年份（例如“2008 Acme Inc”）。请勿提供网址
商务代表联系信息	姓名，地址，邮编，电话，邮箱，国家

图1.45　审核资料3

审核信息	
联系人信息	姓名，电话，邮箱
演示账号	账号名，密码
审核备注	对审核过程会有所帮助、有关 App 的额外信息，包括在测试中需要的 App 特别设置等
版本发布方式	自动方式或手动发布

图1.46　审核资料4

内购信息	
类型	参考名称将显示在 iTunes Connect 和销售与趋势报告中，但不会在 App Store 中显示。 参考名称不能超过 255 个字节
商品名称	用于报告的专属标识符, 可以由字母和数字组成
产品ID	此 App 内购买订阅的零售价格
价格等级	查看价格表进行填写（价格表在后台上有）
审核快照	在提交 App 内购买以供审核前， 必须先上传屏幕快照。此屏幕快照仅用于审核目的。它不会显示在 App Store 中。屏幕快照必须至少 640×920 像素，并且至少为 72 DPI

图1.47　审核资料5

定价	
上市日期	App 在 App Store 开始提供的日期
价格等级	决定客户价格以及您的收入（指减去适用税额后的净价）的级别。 如果 App 免费提供，请选择“免费”。如果 App 需要付费，则必须在签署一份付费商业协议后，才能以您选择的价格等级销售产品
价格等级生效日期	新价格等级将于此日期在 App Store 生效, 即价格等级将于此日开始变更。让新价格等级立即生效，请选择“现在”
价格等级结束日期	新价格等级将于此日期在 App Store 恢复到原始价格，即价格等级的还原日。例如，一天的促销将不会开始和结束于同一日，而是结束于第二天的开始。选择永久性使用新价格等级，请选择“无”

图1.48　审核资料6

1.3.4　App Store提审技巧

苹果商店的审核相对比其他渠道要复杂得多，许多细节需要注意，不然很容易被打回。官方给出的审核说明又特别的长，很多内容的价值并不十分高。所以我们根据自己的和其他人的经验重新整理了一下，提炼出来了一些容易出问题的地方。

以下内容详细地解释了“内购信息”及“定价”的使用方法及注意事项，可以帮助大家通过审核。

一、内购信息

■ 内购类型

月卡本身是有被打回的风险的，特别是首次提交的时候!

如果坚持要上，月卡需要选择“非续订订阅”，其他充值项选择“消费型项目”即可。这里需要注意的是如果是首次提审，需要优先填写内购类型之后再提交版本，版本审核时是不能修改内购类型的。

但是选择非续订订阅也会存在问题，苹果会要求月卡通过用户的Apple ID在不同的设备上都可以使用。请记住是用户的Apple ID，而不是游戏账号。所以建议开发者初次提交不要提交月卡的内购项，以降低被拒绝的风险。通过审核后，开发者有了充足的时间就可以慢慢提交月卡的内购项。

图1.49　内购类型

■ 参考名称

参考名称就是名字，比如“一小包钻石”或者“9999钻石”等。

■ 产品ID

产品ID是在用户充值时发送的标示符，这个需要找技术人员要，技术人员都知道。

■ 价格等级

因为苹果限制死了内购的价格档，所以你必须在它设定的价格中选择几个，可以点击“查看价格表”查看具体的定价，然后选择你想要的价格。

图1.50　价格等级

■ 审核快照

审核快照就是在游戏内充值界面的截图，一般一张图就能覆盖全部的充值挡，所以都传一样的图就可以了。

二、定价

■ 上市日期

上市日期就是上架时间，在App Store中显示的时间，一般需要提前一天显示，比如你想在1月5号上架，那你最好选择1月4号，因为在苹果上架后想搜到需要一段的时间（10分钟～24小时不等）。

■ 价格等级

价格等级就是你想在苹果商店卖几块钱，用户需要付费下载还是免费下载，这个也有价格表可以对照。

■ 价格等级生效、结束日期

这里可以设置本次调价的时间段，首次定价不需要设置。如果要从付费转免费，则设置时间为NOW，结束时间为NONE，就永久免费了。价格可以随时调整，但是保存后不是即时生效，需要等一段时间（10分钟～24小时不等）。

图1.51　价格等级

三、其他

■ 关键字

如果写完整的比较火的项目关键字，则会被拒，但是可以写部分关键字，比如“愤怒的小鸟”可以写成“怒鸟”，这样既增加了曝光率又不会被拒。

■ 版本发布

选择手动发布＝按照“定价”里面设置的时间上架。

选择自动发布＝直接将“定价”里的时间改为现在上架。

上架时间1～24小时不等，所以最好预留1天的时间。

首次提审审核过程很长，所以需要预留半个月时间。

通常情况下，选择手动发布，相对可以较准确地配合市场进行推广投放。

■ 快速通道

地址：https://developer.apple.com/contact/app-store/?topic=expedite

在这里可以对应用提审进行加急，每年苹果都会给予开发者2次加急的机会，而且是不需要花钱的，但是次数有限，需谨慎使用。

■ 如何申诉

如果App被苹果打回，在App内会有一个“问题解决中心”，可以通过这里进行申诉，申诉时需要注意使用英文编写，根据具体情况详细地说明问题原因就可以了，只要有充分的理由，大部分时候申诉后是可以快速地被通过的。

1.3.5 iOS Preview视频制作攻略

相信大家都知道iOS 8新增了Preview（浏览视频）功能，视频相比icon及截图更能体现游戏的核心，如何使用好该功能将成为未来提高转化率的关键。我们根据以往的经验和其他官方的一些信息，总结出了一些更简单实用的注意事项，希望能帮到大家。图1.52为Preview视频格式要求。

关键参数	4.7寸屏 iPhone6	5.5寸屏 iPhone6P	4寸屏 Phone5	iPad
分辨率	1334*750 750*1334	1920*1080 1080*1920	1136*640 640*1136 1920*1080 1080*1920	1200*900 900*1200
格式	mp4/mov/m3v	mp4/mov/m3v	mp4/mov/m3v	mp4/mov/m3v
比特率	10-12Mbps	10-12Mbps	10-12Mbps	10-12Mbps
帧数	30Fps	30Fps	30Fps	30Fps
立体声	AAC	AAC	AAC	AAC
分贝	256kbps	256kbps	256kbps	256kbps

图1.52　Preview视频格式要求

展现内容：游戏特点，核心战斗及功能，用户界面。

视频时间：15～30秒。

素材需求：根据不同设备需要提供不同分辨率的Preview，视频分横版和竖版，可根据游戏类型自行选择。

视频大小：500MB以内。

录制规范：iOS 8可以使用MAC连接iPhone或者iPad设备来录制屏幕。

注意事项：

1. 未点击的视频默认展示帧是第一帧，但是可以手动设置指定的帧数，尽量选择高质量的帧数为默认帧。
2. 不要过度地加工视频，尽量保持游戏原本的样子，不然有被拒的可能。
3. Preview功能不可用于3.5英寸的显示器（iPhone 4和iPhone 4S设备）。
4. 上传时必须使用Safari，Mac系统版本要在OS X 10.10以上。
5. Preview会随着版本同时审核。
6. 避免包含有争议、暴力、成人以及不敬的内容。

7. 不要给人们展示如何和设备进行交互。
8. 不要叠加手型动画来模拟多点触摸手势。
9. 对于游戏，显示更多的游戏玩法而不是过场动画。
10. 不要涉及可能过期的内容（例如：今日限免）。
11. 不要在App Preview中提及价格。
12. 不建议使用人声解说，因为所有地区都使用同一个视频。

苹果官方的介绍：
https://developer.apple.com/app-store/app-previews/
苹果官方的介绍与使用指南翻译版：
http://www.cocoachina.com/appstore/20140911/9590.html

1.3.6　新版本预热三部曲

内测之后就需要持续地版本更新了，版本更新是游戏内测之后最重要的事情。只要新版本的内容不出问题，每次版本更新都会带来一波新增用户和收入的增长，所以要利用好每次版本更新！

简单来说，每次版本更新就意味着一大把钞票！

对于渠道，渠道会给每个新版本提供推广位和活动配合。

对于媒介，每个版本的PR都是重点！可以从媒体资源上获取一些优质用户。

对于玩家，每个版本对于游戏玩家都是一针兴奋剂，有新的内容，有新的变化。所以玩家非常关注新版本的每一个动态。有了新版本就会有期待！有期待就不会走！

上面说了那么多只是想强调一下——版本更新非常非常重要！！！

新版本预热也是版本更新中非常重要的一个环节！“金字塔原理”是非常经典的一套理论，而这套理论同样可以适用于新版本的预热工作。下面我们就将金字塔原理落地到实处，看如何做出有节奏的新版本预热工作。

注释

“金字塔原理”：1973年由麦肯锡国际管理咨询公司的咨询顾问巴巴拉·明托（Barbara Minto）发明，旨在阐述写作过程的组织原理，提倡按照读者的阅读习惯改善写作效果。

预热第一波：首次“剧透”

时间：提前两周左右

渠道：贴吧、论坛、微信公众号

目的：制造话题，制造悬念

在剧透方面，小米做得是最好的！ 下面举两个小米的案例。

案例一：小米路由器

这是网络上非常经典的一个案例！

2013年11月18日，雷军在微博上发布了一条“小米新玩具即将发布”的消息。同时附上了一张小米新产品神秘的局部照片，从照片来看，无法辨认出新产品具体是什么。

图1.53　新玩具

这条微博发布后，网络上各路网友纷纷猜测新产品到底是什么，同时还有一些网友放出一些神P图，将这个新品P出了很多花样。下面就是一些网友的作品。

图1.54　小米豆浆机

与此同时，各大科技媒体、财经媒体、视频网站纷纷报道这个事件，在当时造成了很大的反响！小米的这次新品预告做得十分成功，几乎没有什么成本，利用广大网民的力量将这个话题炒得很热。通过这次剧透，小米路由器赚足了人气！后面的故事大家应该都知道了，跟小米其他产品一样，小米路由器一机难求。

案例二：小米空气净化器

小米在发布空气净化器的时候用了同样的套路，2014年12月8日小米在微信上发起了一个投票。

图1.55　投票

同时，在投票下面附上了几张神秘的图片。

图1.56　等风来

这条微信发起后同样在各个地方引发了大量网友的讨论。由于隔天就在发布会上发布了空气净化器，所以这次悬念并没有酝酿很久就揭晓了答案。小米每次发布新品都会使用类似的手法，每次都能挑动整个行业的神经，挑动大批用户的神经。猜小米的新品成了一个极具乐趣的全民运动。

上面提到小米的两个案例不是鼓励大家去发微博或者微信，发布一张看不出是什么的图片。而是要学习他的这种制造悬念和话题的方式。人人都有好奇心，对未知的东西都有探索的欲望。

游戏新版本的剧透一定不是小米的这种方式，但是要努力做到小米的这种感觉。这种预告一般有几个特点：

1. 极少量的信息
2. 信息具有争议性或者信息本身就是悬念
3. 用户可以参与其中

预热第二波：单点深度解析

时间：提前1周左右

渠道：贴吧、论坛、PR、专区、官网、微信……

目的：将玩家注意力聚集到新版本的最大亮点上

第一步制造悬念是毫无边际地去发散，感兴趣的时间是有限的，如果一直发散下去，那么大家会觉得没意思。第二步就是要做一个很好的承接，在悬念酝酿的高潮将答案揭晓，话题集中，单点爆发！这一步透露的信息量是有特点的，广度小，程度深。

举例：

新版本中一共新增了3个系统，优化了20个点。在第二波预热时我们只需要找出版本中最重要的一个点做详细的说明，并且一定要图文结合，图片要做得非常吸引人，让玩家一看到就感觉很有吸引力。其他跟这个系统无关的两个新系统和20个优化点一个都不说，最后加一句“未完待续”。

这么做有以下几个作用：

1. 做单点是为了让玩家的注意力高度集中，这样玩家会制造大量的话题。
2. 做深度是因为胃口不能一直吊，胃口吊足后就要喂饱他，喂不饱是会不满意的，所以要把新版本中最有料的东西放出来。如果胃口吊了半天最后只放出来一些皮毛，那么玩家会非常失望。
3. “未完待续”就是主食之后的甜品，要在吃饱后再上。如果一开始就上一堆甜品，那么会抢了主食的风头。

对“点”的选择是最重要的，首先这个“点”一定是玩家比较喜欢的，其次这个“点”的内容要足够丰富。如果过于单薄或者玩家看了不感兴趣，那么就起不到好的预热效果。

在这一步中话题和舆论的引导很重要，不然有可能好事变坏事，如果被玩家抓住某些细节问题不停地骂，那么可能的结果是还没更新版本就被差评淹没了。

预热第三波：版本详情公布

时间：提前3天左右，同期放出具体更新时间
渠道：贴吧、论坛、PR、专区、官网、微信……
目的：公布新版本时间及所有内容

最后一步就是将新版本的全貌展现在玩家的面前，让玩家对新版本有全面的了解。同期公布更新时间，让玩家的期待具体到具体日期上。

提前3天公布是一个比较安全的时间，因为如果是整包更新，那么整个更新过程需要跟大量渠道密切配合，可能在准备过程中会有一些变化（例如渠道审核包打回需要重新提交）。如果提前太久可能就会存在跳票的情况。

注释

跳票：跳票的定义很简单，无法在原定发售日推出的产品都可以说是跳票，有“延期发行”的意思。现在跳票通俗说就是本来公布了某天要做什么，但是一直没有做，延期了就叫跳票。

在公布新版本的同时，也可以同步将新版本的活动发布出去，让玩家了解到配套的运营活动是什么，活动经过预告后会有更好的爆发效果。

1.3.7　版本更新（整包更新）工作流程

图1.57大概说明了从玩家层面和渠道层面两个方面应该如何操作，尤其需要注意的是渠道层面，客户端的提交审核、过审、更新等环节十分重要！

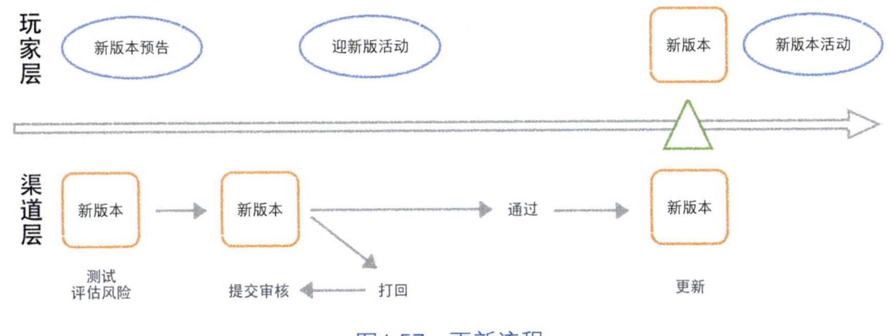

图1.57　更新流程

上面的图比较粗略，版本更新的整个环节有不少琐碎的事情，很容易遗漏。下面的工作流程仅对需要整包更新的游戏，如果是支持脚本更新的游戏，就会比下面的流程简单得多。

注释

脚本更新：游戏更新版本时不需要玩家重新下载游戏客户端，打开客户端后游戏会自动通过脚本的方式更新客户端内容。

同时下面的时间周期只适用于版本间隔超过1个月的游戏，有些游戏可以实现两周一更新甚至每周更新，那么周期上就会有很大的变化。

提前2周
提供新版本的策划文档
提供新版本可玩的版本
新版本QA
体验新版本
准备新版本广告图
评估新版本风险
新版本预热第一波——制造悬念
体验新版本：运营一定要提前体验新版本的内容，亲身体验后才能更好地了解新版本，做好前期的评估和新版本活动的设计 **评估新版本风险**：这一步非常重要，在后面的章节会详细说明 **新版本预热第一波**：之前的新版本预热部分已经详细说明

图1.58　更新流程1

提前1周
新版本提交审核
通知各个渠道计划的更新时间
公司内部通知各个相关部门（研发，市场，运维）
新版本预告第二波——核心系统深入剖析
迎接新版本活动
新版本提交审核：各个渠道提交后需要频繁地关注审核进度，如果被打回需要快速重新提交，不然会影响整个版本的更新计划 **新版本预热第二波**：之前的新版本预热部分已经详细说明

图1.59　更新流程2

提前3天
新版本预告第三波——全部内容
新版本活动预告
测试好更新后的活动功能
准备好更新后的游戏内公告（登录，游戏内）
新版本预热第三波：之前的新版本预热部分已经详细说明
新版本活动预告：新版本更新后的运营活动可以提前预告给玩家，积攒势能后爆发
提前1天
提醒各渠道明天上架客户端的时间点

图1.60　更新流程3

更新当天
提前半小时通知各个渠道更新客户端
停服更新
修改登录公告，告知玩家当前正在更新
配置新版本活动，公告等信息
检查各个渠道客户端更新情况
更新完成后白名单测试
开放服务器
观察实时数据和玩家反馈
提前半小时通知渠道：由于渠道接入的产品非常多，不一定能记住每个产品的更新时间。有些渠道的更新是需要人工手动操作的，所以提前通知渠道会更稳妥一些 **修改登录公告，告知玩家当前正在更新**：这一步非常重要！不是每个玩家都会知道游戏的动态，如果玩家登录游戏时发现“无法连接”就会认为是游戏出问题了 **检查各个渠道客户端更新情况**：如果服务器更新好，客户端却没有更新，那么玩家还是无法进入游戏。所以客户端是否更新成功一定要检查 **白名单测试**：不管之前的测试多么充分，正式服更新后还是要进入游戏测试一遍。毕竟安全第一！

图1.61　更新流程4

1.3.8　版本更新时的一些注意事项

上面的更新流程只是简单说明需要做哪些事情，其中有很多环节是需要特别注意的！所以下面给大家重点介绍一下更新过程中一些特别需要关注的关键点。

关键点一：提前评估版本风险

这一步很容易被忽略，因为不做这一步，更新照样做，并不会产生硬伤。但是这一步对于更新之后的效果来说非常重要！假如新版本对老内容做了一些调整，对老玩家的利益造成了一些损失，那么老玩家就会非常不满，然后大量玩家开始抱怨，甚至形成一些团体在贴吧论坛闹事，到那个时候损失会非常严重。面对这种隐患，如果能提前做好预案，提前做好补偿工作，就能将损失降低到最小。所以版本更新前对新版本的风险评估十分重要！

评估方法主要有以下几个：

1. 公司内部人员体验版本，发现潜在风险。
2. 提前做好新版本内容预热工作，收集玩家反馈，发现玩家的痛点。
3. 寻找一些核心玩家，提前体验新版本，通过这些玩家的反馈来发现风险。

发现风险后就能明确影响的用户群体，制定预案，针对这些玩家发放合适的补偿。补偿既能起到安抚玩家的作用，又不会让其他玩家觉得不公平。所以在遇到新版本有潜在风险的时候，补偿方案一定要非常慎重，要考虑到不同类型玩家的感受和可能的反应。

关键点二：审核过程中的一些细节点

1. 一些大型的渠道都会有新版本的自测文档，在提交前自己先过一遍自测文档中所有的测试项。全部通过后再提交！如果自测文档中任何一项没有通过，渠道就会打回。
2. 如果客户端没有被打回，那么大部分渠道3天左右就能通过审核。但是要考虑到被打回的情况，所以在计划更新日期的5个工作日前提交版本是比较安全的。需要注意的是，节假日渠道是不上班的。
3. 提交审核的时候要嘱咐渠道不要提前上架客户端，更新时间再上架。部分渠道更新后有可能因为人为失误，提前上架了新版本的客户端。所以渠道过审后，一定要经常去看一下各个渠道有没有提前上架，如果有提前上架的情况，就要第一时间联系渠道撤回老版本。

关键点三：客户端和服务器端要同时更新

如果出现客户端版本和服务器端版本不统一的情况，那么很有可能无法正常进入游戏。所以在服务器开放前，所有渠道的客户端都要更新到最新的版本。

在这个环节中我们要做到以下几点：

1. 停服前的半小时就开始联系各个渠道，通知更新时间，让各个渠道提前做好准备工作。不要等到更新结束了再上架。因为很多渠道更新客户端是需要人工操作的，需要给对方预留足够的时间。
2. 由于安卓渠道一般为混服，所以上架客户端要全渠道同步。让所有渠道一起上架客户端，不要落下任何渠道。
3. 有时候个别渠道可能在更新结束后无法上架新版本客户端，这可能是因为同步较慢或者人为操作不及时造成的。在这个时候我们需要一些备案，启动自己的更新机制，提供玩家对应渠道包的下载地址。这个时候要十分注意，某些渠道在上传的时候会对安装包重新打签名（也就是我们给渠道的客户端和玩家下载的客户端是不同的），这种渠道是不能由我们来提供客户端的，必须让玩家从渠道下载。

4. 下面几家渠道就会重新打签名：小米、百度、OPPO、爱奇艺PPS、搜狗、5G游戏盒子等。

关键点四：更新提示

很多渠道的SDK并没有提供更新机制，所以我们一定要有自己的更新机制，或者使用一些第三方的更新组件。

友盟就提供了更新组件，比较适合小团队，接入简单也足够使用。不过友盟的更新SDK后台操作会比较麻烦，不够人性化。不过它的增量更新技术还是比较强大的。

如果是自己开发一套更新机制其实是很复杂的，就需要考虑到用户体验、人为操作的便捷性和效率问题，还有渠道可能存在的一些实际问题。所以想做好更新机制是一件很不容易的事情，但是一旦做好其价值是非常大的！

关键点五：保证渠道客户端更新完毕

如果接入了大量安卓渠道，建议停服更新的时间是两小时。之所以停服这么久，主要是考虑到各个渠道上架客户端的速度。渠道很多时候要保证全部渠道都成功上架新版本客户端是一个不小的工程，所以要留有足够长的时间，哪怕服务端更新只需要半小时，也要等待所有渠道包全部更新完才行。如果出现部分渠道客户端没有更新就开服，那么这些渠道的用户就很可能有大面积的流失。

建议大家做到以下4点：

1. 停服更新的时间为2小时，如果所有渠道包提前更新好也可以适当提前开服时间。
2. 停服前30分钟就开始跟所有渠道沟通，提前做好准备工作。
3. 索要各个渠道的电话，如果某些渠道的更新速度很慢，则可以通过电话进行督促。
4. 保持良好的渠道关系，关系好了之后就好办事。

1.3.9 内测结语

说的残酷一点，大部分产品在内测时就注定了生死。所以这个阶段是非常非常关键的，我们要想尽一切办法在内测初期做出好的成绩，同时不停地通过版本更新和合理的开服节奏来提升产品整体表现。

这个阶段的表现直接影响到公测的策略。如果产品被渠道所重视，获得了不错的渠道资源，那么公测就可以借势再爆发一次！如果产品在内测就被渠道否定，通过一段时间的版本调整和运营工作优化还没有什么起色，没有获得足够的渠道资源，那么公测就可能只是一个自娱自乐的噱头而已。

下面的公测部分就跟大家说明一下公测的全方位、立体打法。公测部分较少设计到具体的执行，更多的是一些策略和思路的引导。

1.4 公测

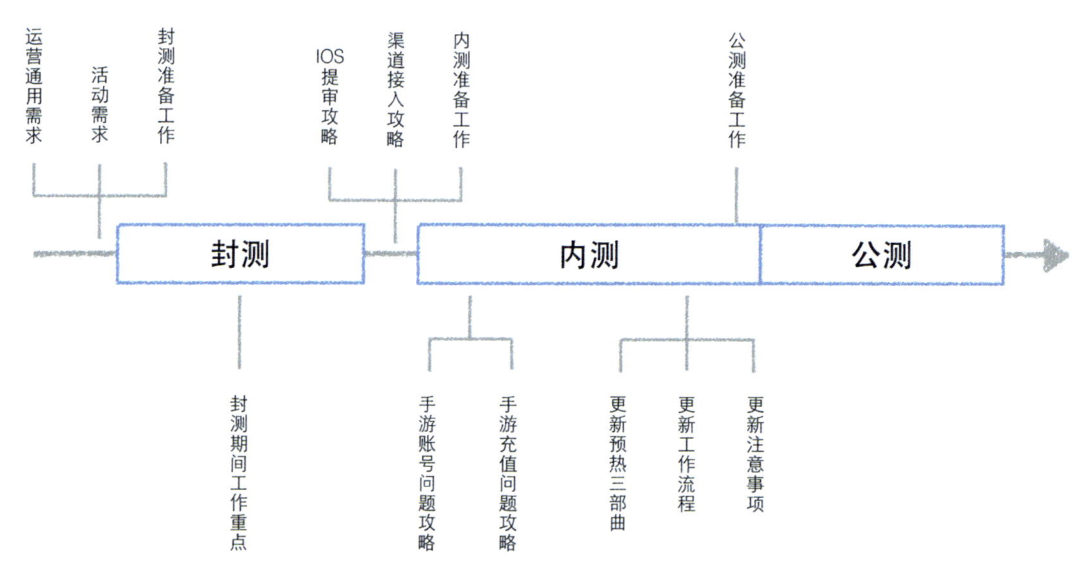

图1.62 公测封面

公测对于游戏来说是一件很重要的事情，手游的公测又跟端游的公测有很大的不同，所以很多人对公测的理解有误区，很多人抓不住公测的关键点，不知道在公测的时候需要做什么。

下面我们就从宏观层面来说明一下公测的本质、目的和关键点。

■ 公测的本质是什么?

手游行业的内测和公测并没有本质上的区别。从产品形态来说都是完成度很高的产品，产品问题和Bug相对较少。从测试目的来看都是赚钱而不是测试产品。

公测就是游戏自己造势，从端游来讲，公测已经是一个玩家高度关注的重要事件了，所以一些硬核玩家容易被“公测”两个字所吸引。加上玩游戏的人都知道，一旦公测就一定会有较多的福利、较好的活动，甚至还有类似送iPhone的活动，所以公测在玩家眼里有时候像“双十一”一样，可以捡到便宜。

但是公测实际上是一次事件营销！

■ **公测的目的**

对于游戏来说，几乎所有游戏从业者的工作都是围绕以下两点进行的：

1. 来更多的人。
2. 花更多的钱。

对于公测来说，最关键是解决“来更多的人”的问题！

因为“花更多的钱”应该在封测和内测阶段去解决，压根就不能放在公测来解决这个问题。

1.4.1　公测前的准备工作

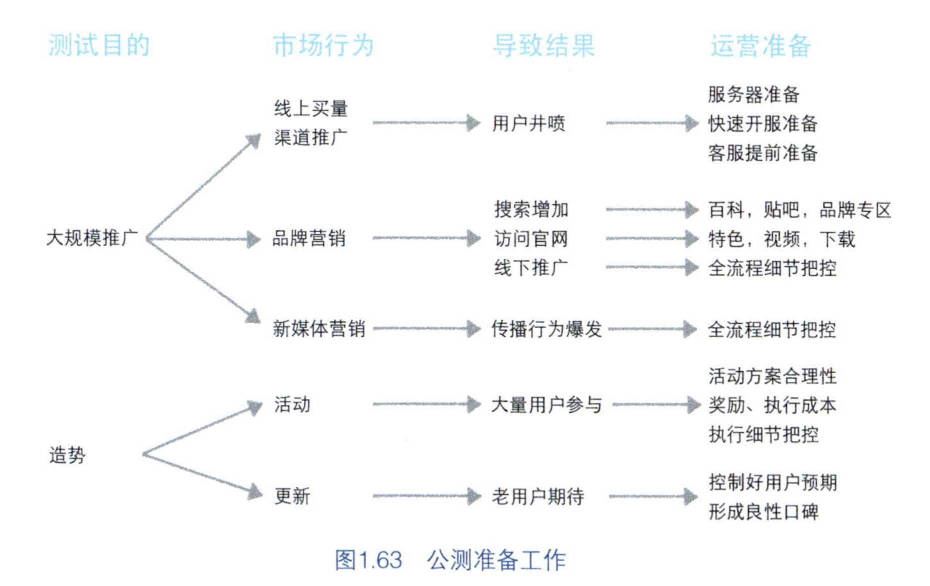

图1.63　公测准备工作

图1.63基本包含了公测绝大部分的准备工作，如果还有其他比较特殊的市场行为，那么就可能

涉及其他一些特殊的准备工作。

下面我们就一条一条地说明每一个分支。

■ 推广、买量

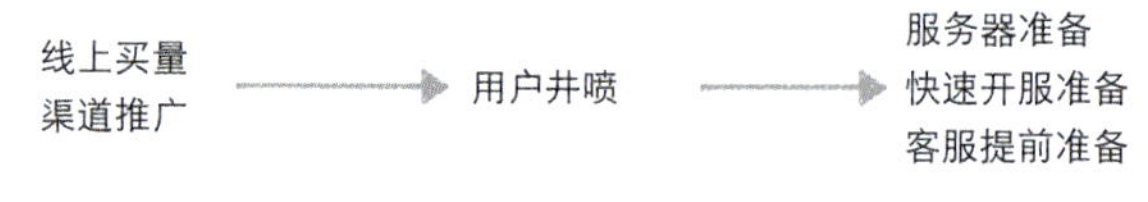

图1.64 推广、买量

目前的手游市场，大部分用户来自于联运渠道，在这个大背景下，渠道成为了非常重要的资源！

公测时，可以在渠道争取到比平时更多的推广资源。并且这些资源大部分是免费的，或者说成本很低。所以在公测前很长一段时间就要开始跟渠道进行沟通，配合渠道的一些需求，同时跟渠道争取更多的资源。

另一方面是线上的买量，线上广告，积分墙等其他方式获得用户的成本相对较高，用户质量也相对较差，数量上也比较有限。所以线上买量一方面是为了获得用户，另一方面也是为了提高曝光度，做品牌营销。

在大量用户进入前，我们需要做好以下准备工作：

1. 准备多组服务器，按最大的进入量预估，最好准备3天的服务器。
2. 开服流程全部过一遍，让流程中的每一个人都高度戒备，同时提前做好准备工作（比如一些服务器的配置工作）。做到随时都能开服的准备。
3. 大量用户进入后一定会产生大量的问题，所以客服方面一定要高度戒备，提前熟悉公测版本的内容的和活动细节，同时跟运营同学建立紧密的沟通，随时应对各种突发状况。

■ 品牌营销

图1.65 品牌营销

品牌营销这块相对琐碎一些，因为品牌营销是一场立体化、全方位的战役，所以形式多，用户的接触点多，细节就特别多！

■ 搜索增加

百度指数在移动领域同样是一个很重要的效果考核指标，所以搜索量的加大是品牌营销的必然结果。而跟百度搜索相关的产品（例如：百度贴吧，百度百科）也很大程度上影响着用户的下载行为和付费行为。

所以针对搜索，我们要做以下准备工作：

1. 购买百度的品牌专区，并且以公测为主题来定制好展示效果。
2. 更新百度百科，增加更多丰富多彩的精美图片和新版本内容，同时加入一些跟公测相关的内容。
3. 如果公司不差钱，建议认证一下百度贴吧，认证之后可以定制贴吧的首页，公测前将贴吧的视觉展示全部以公测为主题，同时置顶帖和话题讨论部分也都以公测为主题来开展。同时加强帖子管理，公测的期间也是其他产品抢人最猖狂的时间。

■ 访问官网

这个看似很简单的事情其实比想象中复杂得多！

公测一般都会对官网进行或多或少的改动，这些改动的目的就是为了让更多的访问者下载游戏。所以从视觉效果和重点内容上都要做变化：

1. 官网的服务器很容易被忽略，但是公测期间，官网的服务器访问速度就十分重要，一定要做好优化工作。同时公测期间下载量会暴增，CDN方面也要提前做好准备。
2. 网站的美术设计要做一些变化，如果资源足够可以全部改版，这样做的目的是优化设计方案（用了一段时间的官网一定能找出一些优化方案），让老玩家感受到变化。
3. 告诉用户“我们的游戏很好玩，赶快下载吧！”所以游戏特色，游戏宣传视频，游戏下载这些关键点因素都要做到极致！

■ 线下推广

线下推广的形式多样，其中连接线上和线下的“二维码”也是少不了的！所以在线下推广方面，运营主要把控线上和线下的转换、流程、体验等方面。

由于没有具体的方案，只能简单说一些提前思考清楚的点：

1. 线下的场景是什么？例如在没有Wi-Fi覆盖的地方让用户下载完整包会是一个很不明智的选择，所以用户的场景非常关键。
2. 线下用户看到的东西是什么？我们需要用哪些线上内容和资源来匹配，从而符合用户的预期？
3. 模拟每一个细节！最好是把自己放在对应的场景中，把自己当做小白来进行模拟，发现整个体验流程中不合理的地方，然后进行优化。

新媒体营销

新媒体营销 → 传播行为爆发 → 全流程细节把控

图1.66　新媒体营销

新媒体营销以在微信、微博、QQ空间等具有社交属性的平台上开展为主。这个部分是一个比较新的领域，之所以把它单独拿出来说，是因为未来这个部分的潜力会十分巨大！除了游戏从业者和一些十分核心的玩家之外，大部分用户玩游戏只是一个被动的行为，也就是说很多玩家不是主动找上门的，而是在朋友推荐下来玩游戏的。图1.67中2013年的调查结果可以说明这个情况。

所以新媒体是一个值得长期投入和试错的领域！新媒体营销很容易沉溺于创意而忽略细节。拿微信来举例，通过微信跳转网址是无法进行下载的，需要通过浏览器打开对应的页面才能进行下载，所以如果忽略了这个细节，那么会硬生生地浪费掉很好的创意！图1.68为提示用户下载的方法。

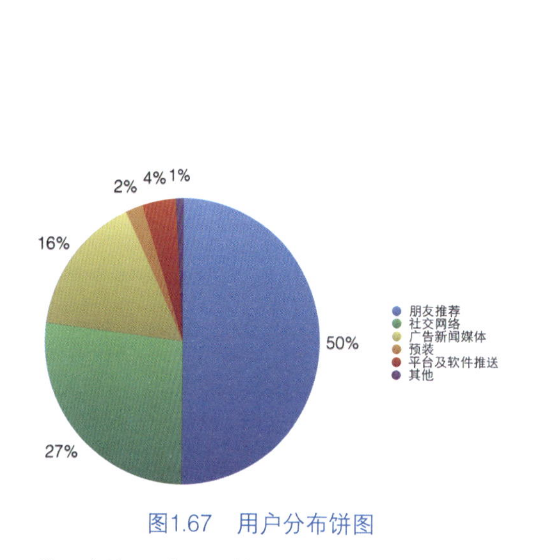

图1.67　用户分布饼图

图1.68　微信分享截图

抛开创意不谈，运营很重要的一个工作就是控制全体验流程上的每一个细节！

■ 活动

图1.69　活动

活动是公测中非常重要的一个部分，游戏公测一定会伴随大量的活动，包括线上的活动、线下的活动、免费的活动、付费的活动……丰富的活动最能够制造公测的氛围，特别的活动能让玩家感受到公测的真实“存在”，让公测更加生动，而不仅仅是一个口号。

为了让活动表现出特殊性，可以考虑通过以下几个方面来做：

1. 送出比平时更多的福利。
2. 优惠力度比平时更大。
3. 送一些平时不产出的奖励。
4. 活动数量和周期跟平时不一样。

上面讲了活动的重要性，那么更重要的就是如何让活动成功落地，实现最初策划活动的目的。活动策划和活动执行如果展开来说，就太多了。下面只强调一下公测期间活动和平时活动不一样的地方。

关键点一：尽量减少活动的执行成本

公测一般都会伴随一个大版本更新和大量的活动，加上多样的市场营销工作。公测期间的工作量大幅增加，同时版本、活动、营销工作都存在潜在的风险。所以，从工作量来说，我们计划内的工作仅仅是一部分。假设新版本出现了严重问题，就必须要有人能够第一时间去评估，提出解决方案并且处理。如果我们的时间被各种工作挤满，那么当出现这种突发情况时，就很难做出最佳的判断和妥善地处理。

上面铺垫了这么多就想说一句话：当策划活动时，不管是线上的活动还是线下的活动，活动的执行成本越低越好。这么做就是为了把更多的时间留给更重要的事情！

关键点二：活动本身一定不能出问题

公测期间，大量新用户接触游戏，如果接触到大量的负面信息，那么会大大影响新用户的下载、留存、付费等关键行为。所以公测活动一定不能出任何问题！一旦出问题，辛辛苦苦拉来的用户就可能快速离开。

下面几条建议，希望能够帮助大家在活动方面不出问题。

1. 越复杂的活动越容易出问题，所以活动在策划的时候要尽量简单，直接有效。
2. 能用代码实现的就不要用人去做（当然也要考虑性价比的问题），有人参与的环节都有可能出问题。
3. 让更多的人参与进来，特别需要看看小白用户和没有玩过你所运营游戏的用户，在看到活动时会是什么感觉。
4. 模拟+检查！模拟用户的每一步操作，检查每一字每一句，看看活动策划和文档内容是否有问题。

■ 更新

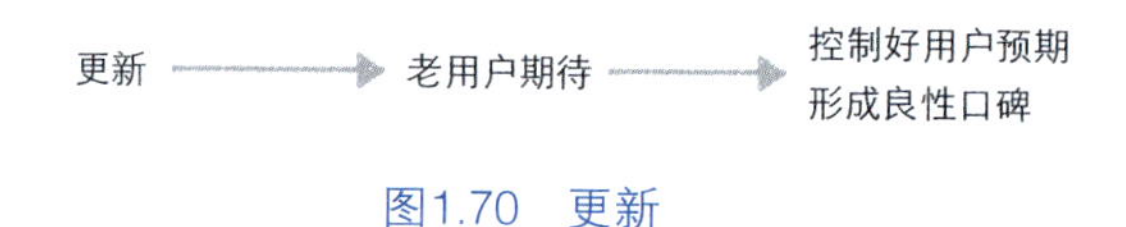

图1.70　更新

一般情况下，公测期间都会有一次比较大的版本更新。之所以大家会更新版本，主要的原因是渠道，因为渠道分配资源是需要“理由”的。例如产品数据好，送iPhone，提供很贵的礼包码，有大型版本，有公测，有大型活动……这些都可能成为理由，如果理由够重量级，够多，就更有可能获得更好的资源。所以运营尽量安排在公测时更新版本，以此帮助商务同事获得更多的渠道资源。对于用户来说，主要是新老用户这两个层面。

1. 对新用户，更新版本也是有风险的，要控制好用户口碑！

任何一个版本，不论程序员多厉害，不论经过了多么严格的QA。在没有经历大面积用户和一段时间的检验时，都是有可能出现问题！技术问题是运营没有办法去改变的，我们需要知道的是当问题出现时我们该如何更好地处理。

新用户很容易被口碑所影响，所以运营一定要控制好以下几点。

1. 各个应用市场的用户评星和评论。
2. 百度搜索第一页的各种结果。
3. 百度贴吧里的玩家帖子。

2. 对老用户，合理控制好用户预期。

之所以要控制好老用户的预期，是因为不希望老用户的不良口碑，影响到新用户的进入。如果过分夸大公测版本，就可能让老用户失望。让老用户失望，就会使他们在各种地方给出差评！

所以，在做公测版本预告的时候要注意以下几点。

1. 预告要全面。特别是老系统的改动方面。
2. 不要太夸大。如果新版本低于用户预期，用户就会骂人！
3. 对于降低用户收益的改动，一定要充分评估，并做好补偿工作。

最后，提炼几个公测相关的关键点。

1. 公测的最大目的是获得大量新用户，所以公测的很多工作都要从新用户的角度去准备。
2. 公测很容易出现很多意外状况，所以要给自己留出一些时间，用来处理突发情况。
3. 模拟！模拟！再模拟！在公测来临之前，把所有可控的风险全部控制住！

1.4.2　手游两大疑难问题之——充值问题

在手游行业，充值问题和账号问题是行业的两大痛点。针对手游充值问题：核实难、查询难、沟通难、处理难。下面我们给大家全方位地讲述一下针对充值问题该如何进行处理！

一、了解充值的原理

首先将玩家的充值行为全过程详细地讲解一下。

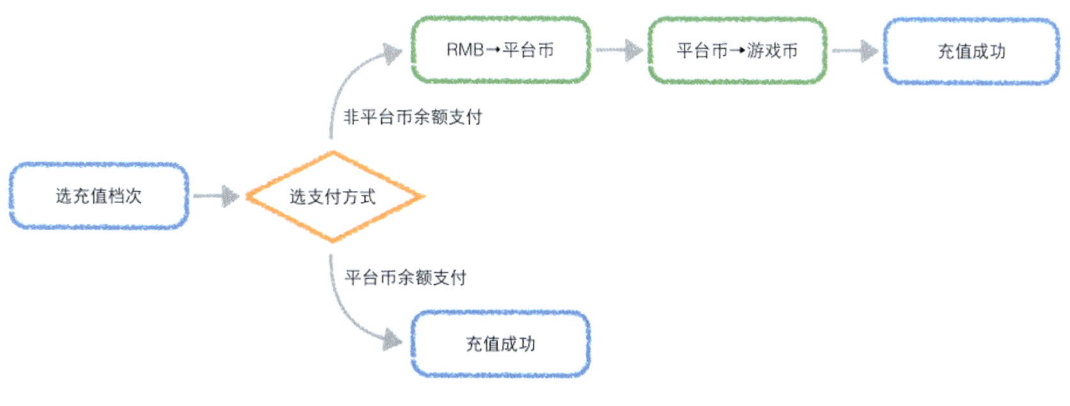

图1.71　用户支付流程

玩家在整个充值过程中需要经历很多步骤，有些步骤玩家是知道的，比如支付。但是有些步骤玩家可能是不知道的，比如玩家的充值是先购买平台币，然后再兑换游戏内的元宝。而不是直接使用人民币兑换游戏内的元宝。这个细节会导致一些问题，在后面的内容中会详细说明。除了玩家的充值流程之外，最好也能了解一下技术层面的支付流程和逻辑，这样有助于我们理解充值不成功的原因。（运营去了解技术是很有必要的，至少不会轻易地被技术人员忽悠……）

下面是技术层面的充值流程，为了大家能更好地理解，因此做了很多简化。

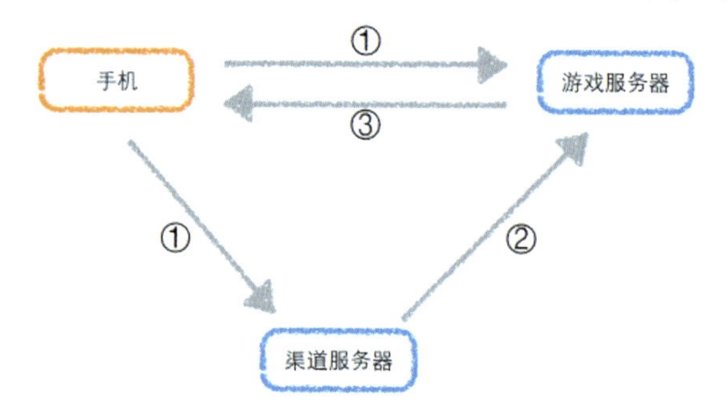

图1.72　安卓支付流程

图1.72是安卓系统的充值流程图，下面对每一步做一些简单的说明。

1. 玩家选择充值档次后就会同时生成两个订单，一个是游戏服务器生成的订单，另一个是在渠道服务器生成的订单。
2. 当玩家支付成功后，渠道服务器会通知游戏服务器，游戏服务器则核对订单信息。
3. 游戏服务器会告诉游戏客户端，玩家支付成功，客户端就会给玩家发放对应的元宝。

针对上面的流程，有以下几个地方需要说明一下。

关键点一：渠道订单和游戏订单不同

在第一步中，会同时生成两个订单，一个是游戏服务器生成的订单，另一个是渠道服务器生成的订单，这两个订单是不一样的，但是可以关联起来。需要注意的是：玩家和渠道只能看到渠道订单。所以当跟渠道或者玩家对订单号的时候要使用渠道服务器生成的订单。

关键点二：渠道服务器通知游戏服务器失败

这个步骤有可能出现一些问题，比如手机的网络突然断开，或者渠道服务器和游戏服务器之间的通信出现问题。这些情况时有发生，所以大部分渠道已经有了相应的预防措施。

当渠道服务器通知游戏服务器失败时，渠道服务器会不断重试，直到成功为止。所以理论上这一步不应该出现问题，但是实际上偶尔还是会有意外发生。在后文中提到的渠道币到账，游戏币没有到账就是这种情况。

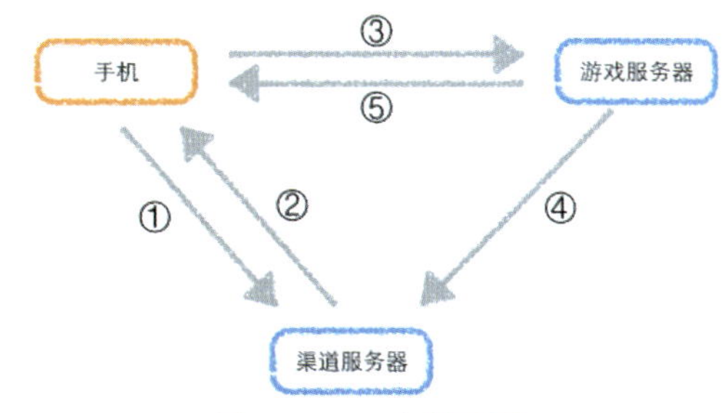

图1.73　ios支付流程

图1.73是iOS系统的充值流程图，下面对每一步做一些简单的说明。

1. 玩家选择充值档次后请求苹果的服务器进入支付环节。
2. 当玩家成功支付后，苹果的服务器会通知客户端，这个时候玩家还没有收到元宝。
3. 手机客户端会把苹果返回的订单信息发给游戏服务器。
4. 游戏服务器收到订单信息后会去苹果的服务器验证一下，这一步是防止玩家伪造订单。
5. 验证成功后，通知客户端可以发放元宝了。

iOS这边的充值问题非常麻烦，因为苹果不会给游戏开放订单查询的方式。当玩家说："我有一笔充值没有到账"，我们是没有任何办法去核实这笔订单的状态的，我们甚至不知道是否有这笔订单。所以iOS在处理充值问题的时候会很特殊，后文会有详细地说明。

二、安卓渠道充值不到账的4个原因

当安卓渠道的玩家说充值不到账的时候，一般分为以下4种问题。

1. 充值成功但是有延迟，元宝没有及时到账。
2. 玩家没有充值行为。
3. 平台币没有充值成功。
4. 平台币充值成功，但是游戏内没到账。

下面是遇到充值问题时，我们的操作流程图，根据下面的流程图来操作，就能准确地对问题进行定位。

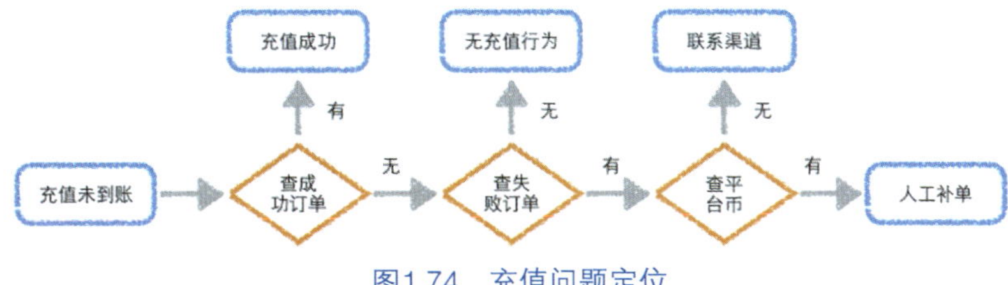

图1.74　充值问题定位

下面简单说明一下造成以上4种问题的原因。

1. 充值成功但是有延迟，元宝没有及时到账

理想状态下，充值后游戏内会立刻到账，延迟非常小。但是如果遇到了上文说到的渠道服务器通知游戏服务器失败的情况，到账就有可能有一些延迟。由于玩家的耐心是有限的，假如支付成功后等了10分钟还没到账，就很有可能联系客服。

2. 玩家没有充值行为

这种情况有可能是玩家弄错了充值服务器，或者登录错了账号。或者就是想欺骗官方，看是否能趁机得到元宝，不过这种情况只占极少数，大部分情况还是上面说的登录错了账号或者提供了错误的账号信息。

3. 平台币没有充值成功，需要联系渠道解决

这种情况大部分都是支付不成功导致的。比如某些话费支付的方式，当玩家输入错误的卡号密码时，也会提示支付成功，但实际上玩家的话费并没有扣。这种情况极少发生，一旦发生就不好处理，所以我们需要了解不同支付方式的特点和隐患，才能更好地帮助玩家解决问题。下面列举出了一些存在支付隐患的支付渠道。

支付渠道+方式	隐患
91-手机充值卡	在充值卡的卡号和密码输入错误的情况下提示为“手机商城支付失败”
91-短信充值	包含50%的渠道手续费，玩家只能领取到充值金额的一半
uc-游戏充值卡	在充值卡的卡号和密码输入错误的情况下订单依然会进入处理状态，显示“订单正在处理中”
多酷-手机充值卡、游戏充值卡	在充值卡的卡号和密码输入错误的情况下，订单依然会完成并提示“充值请求已提交，请于1-3分钟后查看到账信息”
拇指玩-手机充值卡	在充值卡的卡号和密码输入错误的情况下，订单依然会进入处理状态并完成，提示“到账需要1-2分钟”
联想-游戏充值卡	若用户使用的游戏充值卡面额大于充值金额，余额将转入联想V币账户，但过程中会产生手续费（约20%）
OPPO-短信充值	包含50%的渠道手续费，玩家只能领取到充值金额的一半

图1.75　各渠道支付隐患

4. 平台币充值成功，但是游戏内没到账

这种情况就是上文提到的渠道服务器通知游戏服务器失败的情况，虽然渠道会不断地重新通知游戏服务器，但是还是会有遗漏，所以有时候会出现玩家支付成功了，但是游戏内没有到账的情况。

三、安卓渠道4类问题的解决方案

上面说明了安卓渠道4类充值问题。下面就针对这4类问题提供一些可行的解决方案。下面的解决方案只能解决比较常规的问题，如果出现一些比较特殊的问题，下面的解决方案可能就不够用了。

1. 针对充值延迟的情况

这种情况一般是由于玩家着急导致的，有时候是因为服务端和客户端通信问题导致的。所以当我们查询到玩家的订单已经成功后，建议玩家重新登录一下游戏检查充值的到账情况。大部分情况下重新登录游戏成功的充值都会到账。

2. 玩家没有充值行为

这种情况一般是玩家登录了错误的账号，或者提供了错误的账号信息。中国人玩游戏喜欢建很多小号，或者频繁地更换服务器。所以针对这种情况，要跟玩家核对清楚账号信息，包括服务器、账号、角色名、等级等信息。只要账号信息核对清楚了，这一类问题就会迎刃而解。

3. 平台币充值不成功

这类问题我们无法准确地核实，主要是因为这是支付过程中出现的问题。

针对这类问题，我们首先要收集好各个渠道的客服联系方式，将渠道的客服联系方式提供给玩家，让玩家联系渠道客服来解决。下面就提供一些收集好的各渠道客服联系方式（有些渠道可能会更新客服联系方式）。

说明：

由于一般渠道客服的响应速度和问题解决能力都不够好，所以针对一些VIP用户，我们也可以帮玩家联系渠道运营，加速问题的处理速度。我们“73居”已经帮大家整理好了主流渠道的客服联系方式，读者可以登录“73居”的团队博客（http://73team.cn），搜索“渠道客服联系方式汇总”查看详情。

4. 平台币到账，游戏币没有到账

这类问题最麻烦的就是核实平台币的到账情况，有些渠道提供了后台可供我们自己查询，而有些渠道没有提供后台。所以我们首先要弄清楚每个渠道如何查询平台币的到账信息。在确定了渠道的平台币到账而游戏内充值没有到账之后，我们就可以进行人工的补单操作了。

查询方式	渠道	提供信息
开发者后台	91，UC，当乐，多酷，oppo，联想等	账号ID 渠道订单号
渠道人工查询	小米，豌豆夹，安智，360，拇指玩，vivo等	角色名，服务器（用来查询UID） 渠道订单号 充值时间 充值金额

图1.76　平台币查询方式

充值问题是比较敏感，也比较麻烦的一类问题。下面就详细说明一下针对充值问题需要高度关注的几个关键点。

关键点一：权限和分工问题

建议指派一个专人来查询各个渠道的平台币到账情况，因为这种查询需要一段时间的熟悉。如果每个项目组自己去查询，则每个人都需要一段时间来了解情况。这样每上线一个新产品，前期的工作效率都会比较低。

补单的操作也尽量让专人来操作，因为这个操作十分敏感，不但可以给任何人添加元宝和VIP，而且这些充值数据会被当做真实的充值计入财务数据。因此如果操作人员不负责任，随意操作，那么会对财务数据有较大影响。

关键点二：补单功能说明

补单功能的前置功能是一个充值订单查询功能，不论是成功订单还是失败订单，后台都需要记录下来。而补单功能则是针对失败的订单人为地修改为成功订单，从而可以让玩家获得该笔订单的元宝和VIP经验。

实现方式有很多种，例如以下两种形式。

1. 一种方式是集成在订单查询功能里，当我们查询出订单后，在失败订单后面加一个补单的按钮，点击后直接进行补单操作。
2. 另一种方式是单独做一个功能，只能根据账号信息查询出失败的订单，然后选择需要补单的订单，完成补单操作。这个功能一定要加入一个审核功能，从而提高这个功能的安全性。

四、苹果iOS充值问题解决方案

苹果渠道不像安卓渠道那么多，就一个官方渠道，所以处理起来也没那么麻烦，但是它也有致命的弊端，接下来我们来看一下其中的弊端和处理方法。

■ 苹果处理充值的弊端

1. 苹果官方不予提供任何充值订单号。
2. 苹果充值处理入口非常难找。

众所周知，苹果平台是不会给CP提供任何查询充值接口的，遇到了苹果充值问题，CP和盲人没什么区别.众多CP的处理方法是，提供App ID、iTunes购买截图，Apple订单等，然后就直接补单。这种方法并没什么错误，但是从服务角度考虑，如果遇到用户骗单等问题，使用这种方法就有些被动了。

■ 我们需要考虑的只有3点

1. 如何避免骗单?
2. 如何能高效快速地处理解决玩家充值未到账的问题?
3. 如何提高服务感受?

我们研究出了一套简易的处理方法，并且规避了以上3个问题。

■ 苹果充值处理详细步骤

第一步：收集玩家订单信息

当苹果玩家遇到充值不到账的情况时，需要玩家提供Apple ID、订单号、充值金额这些关键信息。

第二步：替玩家联系苹果客服

这一步是帮玩家联系客服，虽然玩家自己也能通过下面的操作步骤来联系苹果客服，但是由我们来联系能够更好地提高玩家感受。

详细操作步骤如下：

1. 登录www.apple.com.cn，选择右上角技术支持。
2. 选择红色图标iTunes。
3. 选择联系支持。
4. 选择联系iTunes Store支持。
5. 选择购买、账号与兑换。
6. 选择我遇到的问题未列出。
7. 填写需要致电的原因。
8. 选择立即与Apple支持部门人员通话。
9. 大概5分钟内就可以接到苹果客服的电话。
10. 告知苹果客服充值的Apple ID、充值时间、充值产品、充值金额即可核实付费是否成功。

第三步：核实后进行补单

当苹果客服核实该笔订单的确支付成功后，我们就可以再次核实一下玩家的充值是否到账，没到账的话就可以进行补单操作了。

1.4.3　手游两大疑难问题之——账号问题

手游行业，充值问题和账号问题是行业的两大痛点！

下面是我们针对账号问题的一些分析、处理与预防手段。

■ 为什么账号问题会成为目前困扰手游行业的重点问题

1. 首先，目前的安卓渠道繁杂，而大量的用户却不清楚“渠道”一说，或者并不知道选择“渠道”会给自己的游戏过程带来什么样的影响。
2. 其次，区别于端游，手游账号系统依托于各渠道自己的SDK，不同的渠道对应着不同的账号系统，复杂的账号系统也就带来了更多问题。
3. 此外，手游提供了众多的注册方式。除了常规的用户名、邮箱、手机号码、第三方账号外，各渠道为了降低游戏门槛，大规模地使用着“快速游戏”、“一键注册”等注册或登录方式，用户极易出现账号遗忘的情况。
4. 最后，是标准的不统一化。目前的安卓市场本身较为混乱，更加缺乏统一的管控标准。相同的账号问题，不同的渠道处理方式也大有不同，增加了用户问题的处理难度。

■ 安卓用户的账号隐患与解决方案

在众多的原因面前，安卓账号存在着众多隐患和问题，我们主要从注册方式的不同来进行分析：

1. 手机号码/邮箱注册

该注册方式相对而言是最安全的注册方式，用户基本不会遗忘自己的账号，该注册方式一般在注册时即绑定手机/邮箱，同时也容易找回密码。

2. 第三方账号/用户名注册

该注册方式安全性稍弱一等，但出现问题的频率相对较低，常见于用户遗忘账号，若未绑定其他安全信息则较难找回。

3. 一键注册/游客登录/试玩登录等

该注册方式的情况较为复杂，便捷之余存在诸多隐患，而用户遗忘账号的问题多见于此。同时部分渠道的“试玩”机制中删除客户端即清除该角色信息，使用户容易丢失角色信息。

图1.77是各渠道账号注册方式的汇总。

	用户名注册	手机注册	邮箱注册	第三方账号	游客登录/一键注册
小米		√	√		
91	√			√	√
UC				√	√
爱奇艺		√	√		√
安智	√			√	√
益玩	√	√	√		
拇指玩	√			√	√
机锋	√				√
金立		√			
应用汇	√	√	√	√	
酷狗	√	√			√
OPPO	√				√
vivo			√		√
联想		√	√	√	
华为		√	√		√
豌豆夹		√	√		
当乐	√	√			
多酷	√	√		√	
360	√	√			

图1.77　各渠道登录方式

1.4.4　安卓用户账号遗忘的解决方案

我们发现，“遗忘账号”成为了账号问题中的重大隐患。但在面对这个问题时，各渠道的处理方式大有不同——我们对12大主流渠道进行了测试，寻找在用户未绑定任何安全信息（如手机，邮箱）下的遗忘账号解决方案：

- UC/91/安智

通用处理方式：

使用登录过被遗忘账号的手机，在拨号界面输入*#06#查询IMEI编码（是一串由15位数字组成的编号），联系客服，并告知最后一次登录账号的时间，由客服查询。

注释

IMEI（International Mobile Equipment Identity）：移动设备国际识别码，又称为国际移动设备标识）是手机的唯一识别号码。我们从这个缩写的全称中来分析它的含义。

“移动设备”就是手机，不包括便携式电脑。

“国际”这个字眼也表明了它可辨识的范围是全球，即全球范围内IMEI不会重复。

“身份”表面了它的作用，是辨识不同的手机；一机一号，类似于人的身份证号。

“码”字又说明它是一串编号，常称为手机的“串号”、“电子串号”。

UC单渠道自助处理方式：

登录kf.9game.cn，点击页面下方的“找回账号”按钮，输入IMEI编码即可显示该设备上登录过的所有9游账号。使用登录过账号的设备登录id.uc.cn，点击“忘记密码”按钮，选择“如何找回我的账号”选项，即可看到该设备登录过的历史账号（方便平板等无IMEI设备查询）。

91/安智渠道平板和PC模拟器用户处理方式：

联系渠道客服，提供曾登录过的游戏，游戏内角色信息以及充值记录（如支付宝订单号）等信息进行核实。其中充值记录最为重要，如无法提供可能会导致无法查询或业务延时。

- **拇指玩**

处理方式：

联系客服，提供游戏内角色的详细信息（如角色名，所在区/服等）及手机型号由客服联系游戏开发商核实。

- **豌豆荚**

处理方式：

联系客服告知丢失账号的充值订单信息（支付宝订单号或其他充值订单）由客服核查。

注意事项：

豌豆荚的注册方式相对较为安全，但根据实测结果，若用户无法提供充值订单信息，豌豆荚则无法给予账号查询帮助。

- **OPPO**

处理方式：

在浏览器中进入可可账号申述页面（http://kf.game.keke.cn/）并填写所需信息，提交后由

OPPO官方核实。

游客登录说明：

即使用户将游戏卸载并彻底清理，只要再次安装游戏并选择“游客登录”即可看到之前的角色（vivo渠道的游客登录功能与此一致）。

注意事项：

1. 账号申诉页面中，第一页中的必填项“用户名”无需苛求精准，填写相似的信息即可。
2. 第二页中的必填项“联系邮箱”请用户务必提供真实有效的信息，OPPO核实完毕后会以邮件的形式给予通知。
3. 第三页中的游戏详细信息在申诉中最为重要，尤其是“充值信息”和“登录过的手机型号”两项，应尽量提供。

■ 百度多酷

处理方式：

由用户自行联系百度多酷客服并提供常用邮箱，百度多酷官方会以邮件的形式发送“游戏申请表”，用户需填写完成后并回复邮件。

注意事项：

多酷“游戏申请表”中索要的信息十分详细，而其中充值订单类信息尤为重要，正确填写能够增加业务成功率。

■ 当乐

处理方式：

需用户自行联系客服并告知账号丢失，当乐客服将发送一条包含需要填写信息的短信至用户的手机，填写完毕后回复短信即可。

注意事项：

短信包括以下内容。

1. 游戏及角色信息（游戏名称，角色名，区/服务器，角色大致创建时间，职业和等级，背包内道具物品以及数量，好友昵称）。
2. 充值信息（是否有过充值，充值记录，订单号，金额）。
3. 最后一次下线时间。

■ 小米/360/vivo/联想

这4个渠道存在一些特殊性，在此整体进行说明。

小米：小米渠道的用户绝大多数都是小米手机的使用者，账号系统基于小米服务框架（手机号码即为账号），基本不会出现账号遗忘的情况。

360：360目前仅在游戏内提供了手机注册这一种方式，几乎可以杜绝丢失账号的情况发生。

vivo/联想：经联系客服确认，vivo与联想平台暂时并不受理关于账号遗失的问题。

理想状态下，我们希望“IMEI查询”功能可以在今后成为业界的通用标准，这个方式无疑能够为用户节省大量的时间。以目前的手游市场而言，让用户长时间脱离游戏等于逼迫用户流失。

1.4.5 账号问题流失预防

实际上，由于账号系统的限制，我们很难通过“自己”的方式去保护“别人”的账号。但是，我们仍然建议向用户或明显或潜移默化地传达一些保护账号的讯息。

1. 通过线上讯息以及公告宣传账号保护

游戏内的登录界面、跑马灯公告、聊天框公告甚至过图Tips都可以成为宣传账号安全的有效手段，长时间的“舆论轰炸”能够对玩家带来一定的潜意识效应，包括在游戏内的“答题”活动中添加有关账号安全的问题，都是不错的选择

2. 规范化对账号问题的处理

自身而言，对于账号问题我们将协同客服部制定完善的流程，在用户第一次进行咨询时即可帮助用户完整地梳理问题的处理步骤，并将各注意事项和有效信息（如渠道联系方式，处理方式，需要用户提供的信息等）告知给用户，对于特殊情况，我们会代替用户与渠道进行联系和处理。

3. 与渠道运营和客服保持良好的沟通关系

在账号问题的处理过程中，渠道作为账号系统的管理者能够发挥极其重要的作用，保持与渠道运营和客服畅通的沟通关系能够更快速地帮助用户反馈问题并且收到回馈内容，在一定程度上加速流程进展。

1.4.6 公测结语

手游产品的生命周期相对较短，最长也不过一年的时间，看看《我叫MT》《刀塔传奇》等现

象级产品就知道。他们的鼎盛时期也就一年左右的时间，一年之后会有新一代的产品接棒，成为新的明星产品。加上腾讯和其他端游大厂的强势进入，手游市场的竞争会越来越激烈！在这种充分竞争的市场环境中，新用户的获取会越来越难！所以大部分厂商面临的问题不光是公测爆发的延续，不停地版本迭代来维护已有的老玩家。还要思考新的突破口，如何持续地让用户不断增长！

第2章

用户营销入门

运营，简单来说是通过特定手段将流量转化为流水的过程。无论是产品构造，还是市场营销，最终受众都是用户人群。如何让用户认可产品，并且认可营销方式，从宏观而言是构建一个以用户需求、用户体验为导向的经济生态。具体来说，它是在每个执行环节综合用户特征、属性进行细化分解，以精准化、精细化两种方式进行深度运营。

2.1　产品目标用户发掘

图2.1　目标用户发掘

目标用户是经常被厂商提及的词语，就现实而言，很少有人主动发掘，普遍地是海铺渠道、一锅端的节奏，这种来者不拒的方式在公测或正式上线能取得不错的反响，但是在demo（样板）阶段，或者说封测阶段无疑不受待见。

游戏demo阶段，商务小Q拿着demo跑渠道，谈资源，为封测的导量测试做了一些准备，并取得了不错的效果。商务小E如法炮制，却遇到了评测评级一系列门槛，尽管有些渠道会在封测时期做适当的放量测试，但量级已经不像之前令人满意。

那么在测试期间，如何通过自己去寻找目标群体，这是极为关键的一环。不少人做了产品分析、用户定位、渠道分析之后就开始筛选渠道，却忽略了很多身边切实可用的资源。这其中，就包含用户挖掘的方方面面。

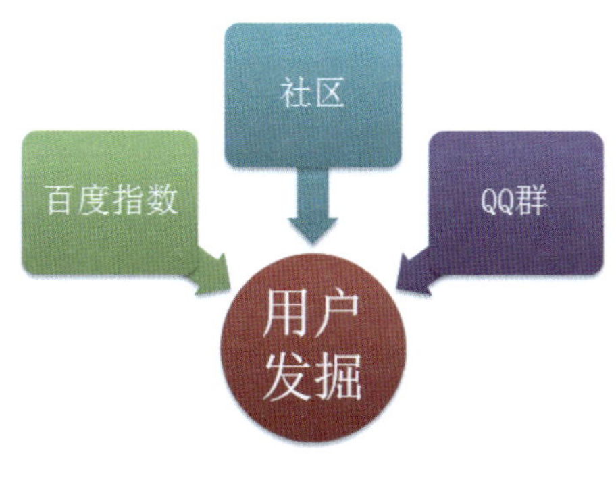

图2.2　用户发掘方法

■ 百度指数

百度指数是以百度海量网民行为数据为基础的数据分享平台。我们可以通过百度指数获取到很多有用的信息，例如一款塔防产品，通过百度指数搜索的结果如下。

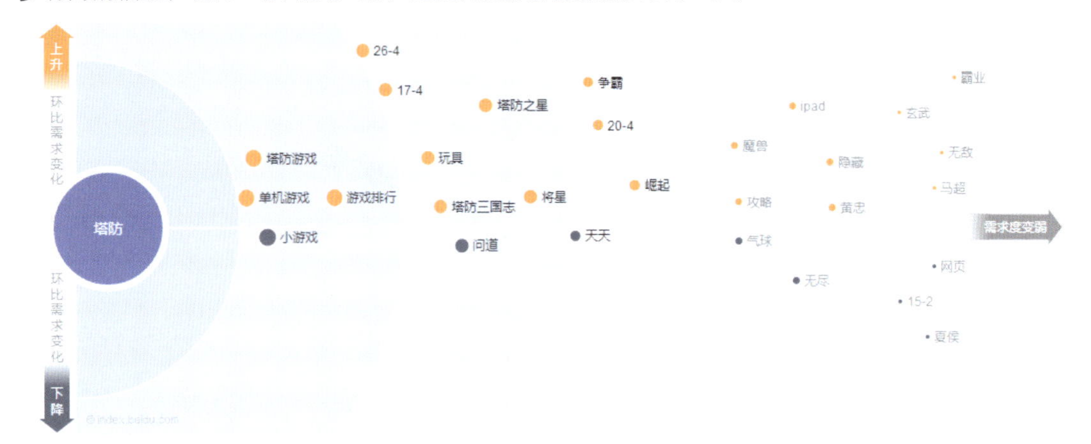

图2.3　百度指数

如图2.3所示，我们可以很清楚地知道塔防中的竞品，而竞品的目标用户和我们的目标用户是一致的。

百度知道是解决用户问题的好地方，不要觉得用户回答数量少而忽略了它，如果能在该条目借关键字添加自己的产品问答，其隐性效果也是很可观的，例如PV值等。

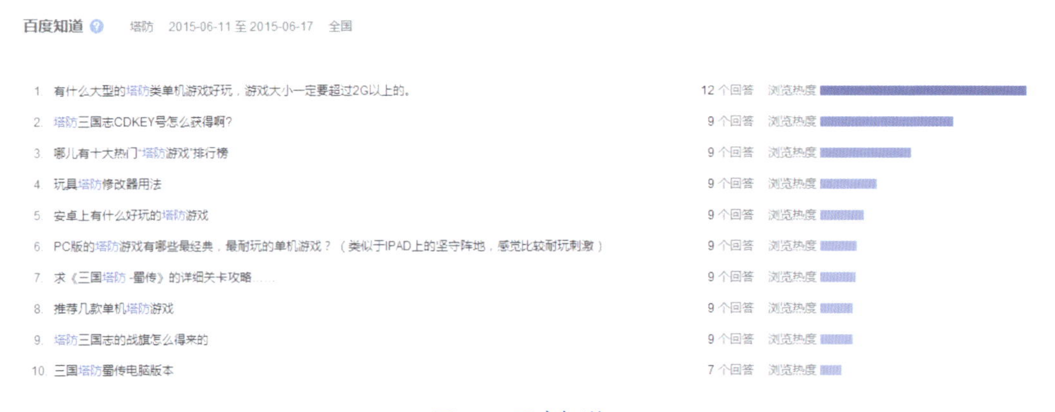

图2.4　百度知道

图2.5　添加关键字

最后便是人群属性，这一类信息便于决策产品广告投放，投哪里，投给谁，如图2.6所示。

图2.6　人群属性

■ 社区

社区化发掘，以论坛和贴吧这两者为例，通过竞品社区或者同类型爱好者社区可以高效、快捷地找到目标用户。

如图2.7所示，通过关键字搜索可以找到目标群体的社区，无论是论坛还是贴吧，我们都可以通过搜索不同关键字简单、快速地找到用户。简单的是寻找，复杂的是转化。

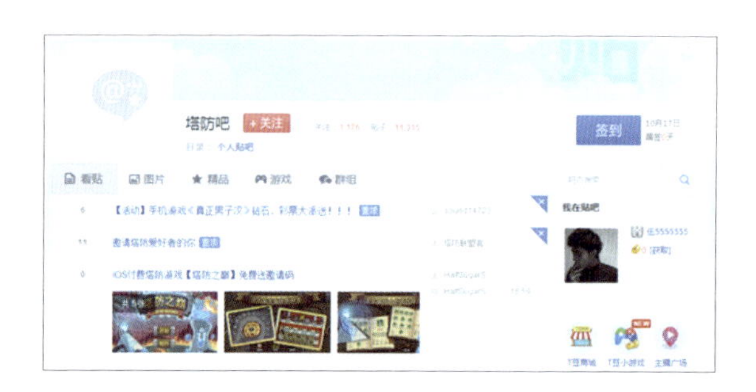

图2.7　贴吧

■　QQ群

QQ群是大部分人每天都要接触的一个工具。以手游为例，找到一个群体并在里面发广告，拓展业务，达到厂商与厂商之间的交流。换个角度来想，我们同样可以通过QQ群搜索，深入到玩家群里，达到厂商与用户的交互。

图2.8　QQ群

从图2.8中我们可以很清晰地看到竞品的用户社群，以及各种交流兴趣的用户社群。如何去深入他们之中开展产品宣传，这不是Ctrl+V（粘贴快捷键）就能轻松解决的，它需要的是我们找准切入点，抓住用户痛点并进行软性引导宣传。

无论是demo阶段还是封测阶段，都是一个小规模测试的阶段。在此阶段，质比量更重要，由于产品对量级的需求不会太大，所以我们才有机会在前期深入发掘自己的目标用户或者说种子用户，把他们培养起来，然后营销扩散。

如何发掘目标用户？为何要发掘目标用户？归根结底，只有用户才是产品的最终体验者，只有用户才能在广大的用户群体中发出最真实有效的声音。而我们在引导他们之前，首先要做的就是找到他们。

2.2　精英玩家招募策略

2.2.1　浅析精英玩家

游戏即将测试，运营经理给小O分配一项工作任务，为产品招募一批精英玩家，入行不久的小O百思不得其解。玩家不都是应该来者不拒、照单全收吗？何必特意去筛选精英玩家呢？对此，运营经理给出了以下解释。

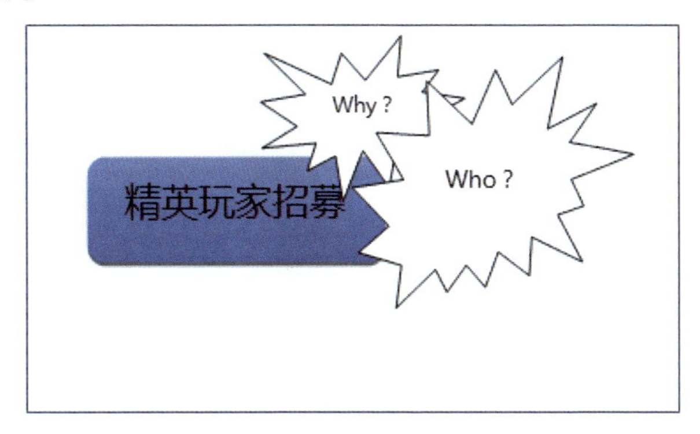

图2.9　精英玩家招募

- **Why**

为什么要招募精英玩家？

精英玩家大部分由骨灰级玩家组成，对游戏有深刻的理解，因此在游戏前期不需要过多引导，玩家可以很有耐性地自主完成对游戏的认知、探索、反馈等内容……

对于游戏官方而言，招募精英玩家一方面可以获取更为实用的产品信息，另一方面精英玩家相较于小白用户来说，质量更高，可以达到小规模、大反馈的效果。

- **Who**

似懂非懂的小O听完之后，又抛出了一个问题——“精英玩家是谁？”

精英玩家一般由骨灰级玩家组成，其游戏经验丰富，对游戏有较深的理解。由此切入，游戏经验丰富的团体可归纳为公会一块，公会会长、军团长常年入驻游戏，有较深的娱乐经验；另一块从散人切入，有部分独自娱乐的骨灰级玩家同样具有丰富的娱乐经验。当然，就对游戏的理解而言，除了上述的公会和精英散人玩家之外，还有专业的攻略小组、评测团队，这部分人从用户的角度进入游戏，同样能为游戏带来有价值的反馈。

- Where? How?

图2.10　精英招募的问题

他们在哪儿？怎么招募？明白了精英玩家的价值所在之后，小O已经急切想要开始招募工作了。运营经理此时给出以下建议：

1. 从直接招募和间接招募两种维度进行切入，找到精英玩家（如图2.11）
2. 以招募活动激发精英玩家的入驻兴趣（如图2.12）

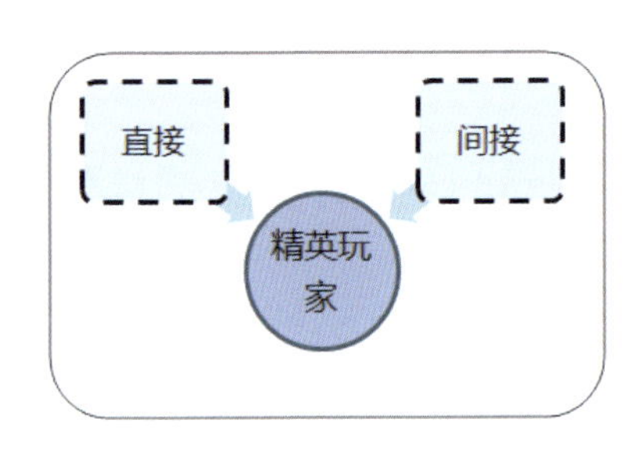

图2.11　招募的两种维度

图2.12　活动激发兴趣

直接招募方式是什么？间接招募方式又是什么？小O在求教后得知：所谓的直接招募方式，即官方可以直接与用户进行对话，例如通过QQ群、公会内部交流、微博、贴吧、论坛等。

而间接招募方式，即官方可以通过某种中间介质，间接与用户进行对话，例如B2C媒体（Business to Customer，即厂商与用户交互）、门户网站等。

2.2.2　精英玩家招募

招募精英玩家一定存在着一个驱动行为或驱动方式。换句话说就是要知道精英玩家凭什么玩你的游戏，有没有什么好处吸引他们。要知道，游戏测试前期都是不完善的，要留住用户除了他们本身对游戏的探索欲望和新鲜感之外，一定还要使用其他的方式吸引他们，以图2.13为例。

图2.13　招募玩家送游戏周边

图2.13为某游戏在精英玩家招募时的发帖公告，无论是通过论坛还是各类媒体招募，我们可以很直观地看到官方在精英玩家招募的过程中均采用了组织活动的形式，而活动的奖励无外乎为以下几点（如图2.14所示）。

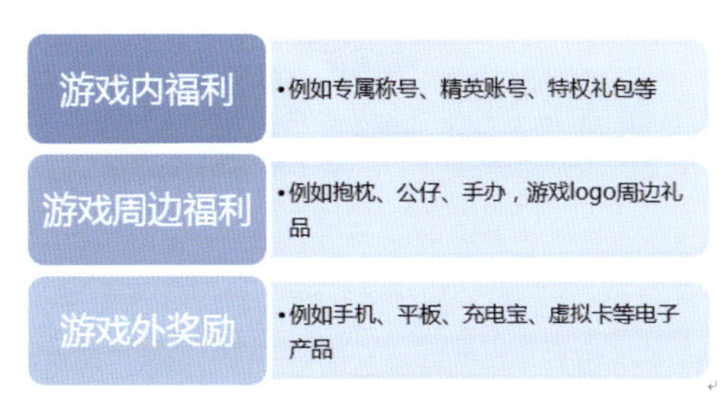

图2.14　活动奖励

如图2.14所示，大部分厂商均会以组织活动的方式招募精英玩家，而活动的奖励则影响游戏对精英玩家的吸引力。

随后，小O又提出了新的问题，这个奖品怎么排列？什么时候发游戏内福利，什么时候发游戏周边福利，什么时候发游戏外奖励？对此，运营经理提到一个词语——用户模型，不同的精英玩家有不同的需求，“需求”这个词的意思很宽泛。精英玩家可能有共同的属性和特征，例如游戏经验丰富、有见解，但他们的需求可能不一样。

有些真心愿意玩游戏、希望游戏正式运营之后也能玩的玩家，那么游戏内的福利可以吸引他们；而有些处于观望态度的玩家，游戏周边的福利会比较实用。用户通过与游戏原画或Logo周边长期相处，从而对游戏养成一种惯性认知思维。最后则是一些务实派精英玩家，他们可能专业从事游戏内测以及Bug检测等工作，传统的游戏内奖品并不能吸引他们，他们对游戏的真实反馈在于现金或者高价值物品的给予，这一块需要我们投其所好，根据不同的精英用户制定不同的奖励吸引他们，无论如何，至少规则的制定权掌握在厂商手中。

听过运营经理的解释，小O恍然大悟，一方面认可运营经理的解释，另一方面也为精英招募的策略感到新奇。随后小O又抛出了新的问题，制订招募方案，以直接和间接两种方式进行传播，精英玩家入驻游戏，那么之后的工作是什么呢？

然后就是为什么要招募精英玩家的根本问题，不是单纯地让他们玩游戏，也不是单纯地听他们说见解，发牢骚，而是改进产品，调整产品。通过精英玩家提供具有参考性的反馈，对游戏进行优化与改善，从而达到解决问题的目的。

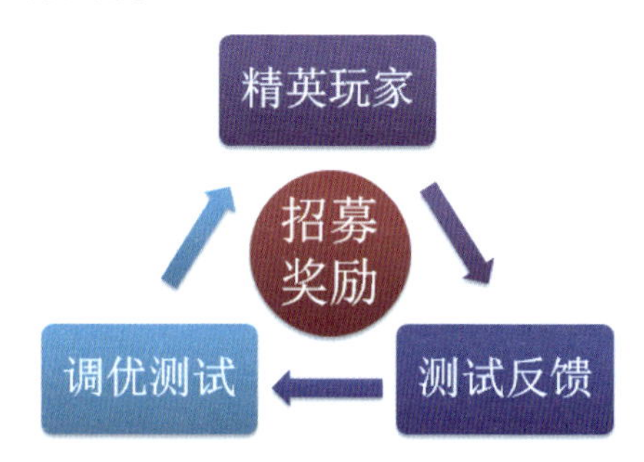

图2.15　修改测试

如图2.15所示，围绕招募奖励，精英玩家开始对游戏进行一系列测试，而官方则通过不同渠道（例如游戏内反馈通道、论坛、QQ群、公众号等）收集用户反馈，然后建立评审机制，确定最终优化项，不断打磨产品，对产品进行一期招募、二期招募、三期招募，最终将产品打磨到预期效果。

听完运营经理的一番话之后，小O对游戏运营有了更深入的理解，同时又有了新的想法，精英玩家尚是如此，那么普通玩家呢？又该如何对待？

2.3　论产品新手引导

自从精英玩家招募之后，小O受益匪浅，回味过往的游戏平台转变，从小霸王模式、街机时代到PC端，随后发展到手机游戏，小O不禁感慨：游戏的局限性将越来越小，也越来越贴近生活。

现今社会，手机已经与人们生活构成了共生状态，无论出门去哪儿，绝离不开手机。随着这两年手游的崛起，移动端随着通信、购物等功能的完善，进一步植入娱乐功能，逐渐实现互联网一体化、多元化发展。就手游而言，如何对待刚接触产品的普通玩家，小O觉得这又是一门学问。运营经理说过：就产品用户而言，需要从入口级开始分析，因为新手引导与产品转化存在重要关系。

图2.16　游戏机

说到产品初始转化，不少人第一时间会联想到游戏下载、资源加载、注册界面、新手引导。不少人提及产品，均看重新手引导，就新手引导而言，具体应该如何分析？小O认为这些要结合产品本身和目标人群来看，运营经理对此表示赞同，但在赞同之时，也提出了一些其他的理解。

首先，运营经理将新手引导入口分为两个方面，即“线上引导”和“线下引导”。

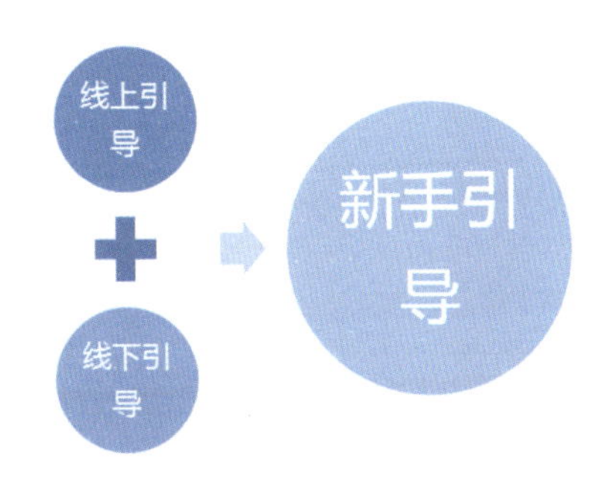

图2.17　新手引导

2.3.1　用户线上引导

线上引导可以通俗地理解为产品内的新手引导。而新手引导的目的，就是让玩家会玩。一个新的产品或者一个新的功能要想吸引用户的使用兴趣，那就需要用户在接触这个产品时就能快速地知道这是什么？能做什么？

图2.18　用户线上引导

综上所述，不难看出新手引导就是针对玩家初期接触产品和功能时所作出的体验，让其顺利从新手期过渡到成长期用户。

图2.19　新手引导疑问

对于玩家而言，现在大部分游戏都运用倒金字塔原理，即一切从简，根据等级进阶开放更多资源，此类定义在策划的完善下，已经有了一套较为清晰的逻辑。但是结合产品而言，新手引导与产品的契合度有多高？新手引导是真的引导玩家了，还是只是在游戏开头展示了一段陈述？或是一段充满数值奖励的简单任务？

关于新手引导，不少开发者都存在着一个误区，那便是把新手引导作为一个独立的功能，而非基于产品功能的体验，这便造成了用户度过新手引导阶段之后，仍然不了解游戏的情况。那么，新手引导应该怎么做？

一、设计前的思考

图2.20　设计前的思考

■ 最好的引导是无形的

传统MMO、SLG，大部分都是微创新，整体的框架都是大同小异。

对于红海产品而言，引导在用户心底是有一个潜在标准的，即用户延续了其他同类型产品中已经养成的使用习惯。想要用户改变使用习惯很难，但这也是一种优势。对新手引导的简化，只要着重于产品界面的优化，便能衍生出一套用户的心智模型，这种无形地引导，让用户一看就知道如何操作，这无疑是一条引导捷径。

对于蓝海产品而言，用户比较茫然。此类产品最好强调玩法，将引导深入到玩法中去。通过二者契合，将小白玩家顺利进阶到普通玩家。通过产品初期数值奉献，将引导运用到实际操作中，但是要注意玩家学习成本的控制。

■ 简化新手引导

就游戏而言，我们要让新手快速了解我们的游戏是什么，知道引导的内容是什么，并且能快速上手。那么完成这个过程一定不能复杂，要特别有针对性，通过先让用户接触游戏的核心，再了解游戏的内容。

有人说，玩家很傻。

也有人说，玩家很聪明。

但是就产品的引导来说，你必须理解为玩家很忙！他们没有时间去了解那么多，也没有兴致去了解那么多，充其量就是好奇，仅此而已……

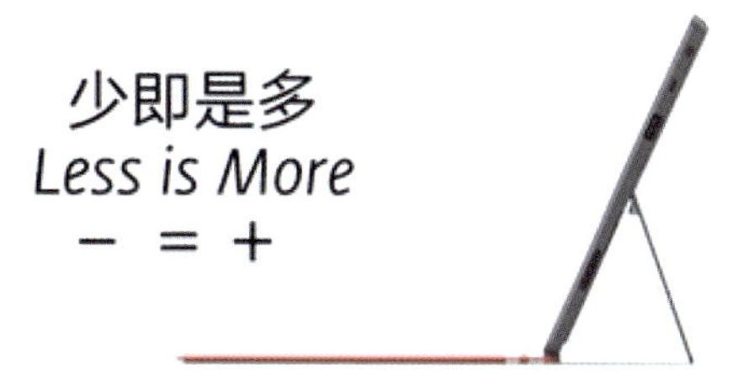

图2.21　简化新手引导

■ 明确引导入口

有时候产品增加新功能时，会出现玩家不清楚，或者是不知道如何操作的情况。这就需要明确引导入口的明确性。

例如，在某游戏社交界面显示组团功能，随着后期副本新功能的开放，帮派组团功能开启。那么组团功能不仅仅需要体现在版本更新说明上，更要在游戏内有一个醒目标志。例如组团功能一段时间保持光效环绕，又或者组团UI在整体界面的直观性，通过更便捷的操作，逐渐融入用户的使用习惯。

图2.22　明确引导入口

■ 确定引导任务特征

引导任务特征，以MMO产品为例，可分为强制引导和非强制引导。例如某项任务进行到某一阶段时退出游戏，上线系统判定为继续任务还是需要重启任务？此类任务特征没有明确定义，需要根据产品实际情况而定。

除了以上两点，引导的任务类型还可分为单次引导和多次引导。例如一个强化系统开启，需要玩家强化多少次，其间隔又是多长，这些都要根据各自产品而定。

■ 学会激励

运营就像带孩子，从现实角度出发，当小孩子学会东西时，大人们的赞扬会让孩子们更加有学习动力。游戏也是一样，在新手任务上，引导尽量强调人性化的设计，目前新手任务都很简单，奖励积分来得非常容易，但是当玩家遇到问题时，依然很难从游戏中得到解决。

以某款产品为例，任务规定玩家采集药草，但是玩家一时点快，不知道采集的地点在哪儿，若点击任务NPC，不仅在小地图上标注了明显的红点，更是充满鼓励的话语："加油，相信你能行！"

现实很多人对此不屑，毕竟如今手游都是自动化操作，点击任务、自动识路、自动采集、自动交任务，一套流程行云流水。只不过在用户体验上，也留下了致命的弊端，往往升了30级，用户可能还不知道自己做了些什么……

二、设计思路

图2.23 设计思路

■ 新手引导与产品结合

如果某个新手引导放在其他游戏中一样流畅可行，那么这个引导就是存在问题的。如果引导能够脱离产品，那也就无关契合问题。以某MMO产品为例，新手引导节奏过慢，新手地图人满为患。若因为引导节奏，使同屏负荷上限导致崩溃，这肯定是有问题的。

新手引导贴合产品进行，此类行为在PC端较为成熟。以地下城与勇士为例，游戏开场动画结束，玩家在一个单独的关卡副本中完成新手引导，从而熟悉各项基本操作，从用户角度来说，现在这种引导更专注，更贴合用户。

■ 确定新手任务

有了全面的思考，有了完善的思路，那就开始做吧！做什么新手任务，要从引导目的出发。首先列出一张功能清单，要知道前期我们面对哪些功能，以及知道产品设计以中间的用户为主，那么如何将前期用户过渡到中间，这就需要我们根据前期的功能做一些提炼帮助新手用户成长。

■ 分析引导任务特征

图2.24 分析引导任务特征

确定新手任务之后，接下来对任务特征进行分析。从难度和操作频率去分析，从任务可打断性和任务数值属性综合分析，在抓住用户成长节奏的同时照顾用户体验。

■ 分析用户类型

任务引导类型不同，用户性质也是各有不同。在用户类型上，可分为“定向型用户”、“摸索型用户”、“迷茫型用户”。

定向型用户，即有娱乐目标的用户。例如就公会而言，某公会入驻游戏，无须过多引导，他们有着自己的一套目标和玩法。

摸索型用户，此类用户一般有着“墙头草”的性质，进来望望风，喜欢就玩，不喜欢就撤。此类用户需要产品有一个核心的视觉黏点，即需要系统性地引导。

迷茫型用户，即彻底的小白用户，进了游戏不知道该干什么，此类用户需要引导有足够的耐性，不要小看此类用户，因为在彻底了解了游戏之后，迷茫型用户的忠诚度将会很高。

■ 帮助用户确定目标

如果拥有了目标，那么便会拥有信念。游戏也是一样，若玩家在10级的时候，系统告诉他20级可以进行一次挖宝，那么当玩家20级挖宝时，挖到了30级的稀有神器，则玩家极有可能为了带上30级的神器去努力升级，这就是一种目标导向式玩法。

玩家初入游戏时，是没有目标的。那么如何在前期为玩家建立健全一个娱乐目标呢？通过对玩家短时记忆和长时记忆的把握，拿捏住玩家对产品中某一个念念不忘的点，这需要结合产品和用户，深挖新手引导的用户黏性。

■ 确定引导表现形式

图2.25　确定引导表现形式

新手引导如何呈现，综合现阶段市场的产品不难看出主要有以下几种方式。

1. **粗放式：**此类游戏框架较为简单，例如捕鱼类，新手引导可以集中在一个面板中进行呈现。
2. **节奏式：**此类游戏框架较大，例如MMO，引导内容根据用户等级、功能进阶进行解锁介绍。
3. **全局引导式：**引导用户按路径进行一步步阅读及尝试操作，逐步将产品概念、范围、核心功能介绍给用户。
4. **任务导向式：**将一个大任务拆分为多个子任务，例如装备养成类，可拆分为强化、镶嵌、洗练等。

5. **嵌入帮助式**：用户在操作任务的过程中，适时在游戏中给予提示及帮助，通常是用简短的文字信息。

三、设计后的验证

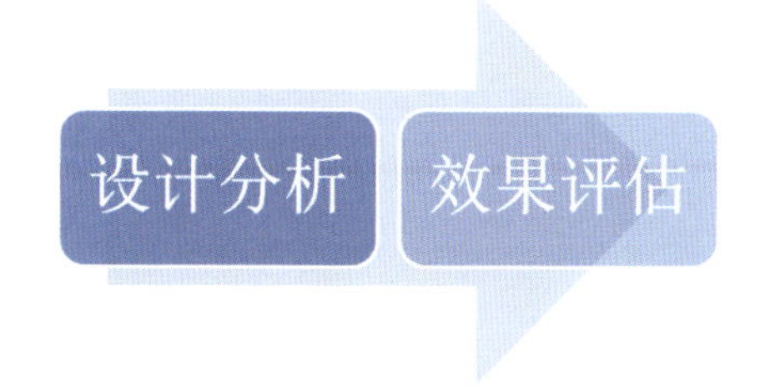

图2.26 设计后的验证

- **分析引导转化**

根据关卡、任务节点、等级阶段，在后台进行数据监控，通过分析数据检查引导过程中的转化障碍点，加以优化。

- **评估引导效果**

根据实际数据评估引导效果，确定结果是否满意？如果不满意，那么后续规划应该如何进行呢？

2.3.2 用户线下引导

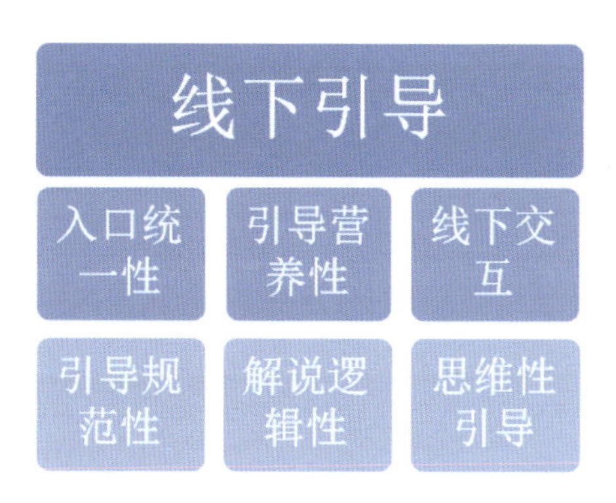

图2.27 线下引导

■ **新手引导入口统一性**

用户想查询抽卡/装备强化，应该去哪里？论坛、官网，还是百度？如果新手引导的入口无法统一，那么玩家永远不知道从什么地方去完整地了解游戏。这里找锻造，那里看强化，几个入口之间重复跳转，这对用户而言太过烦琐。

■ **新手引导规范性**

如果有一个统一入口，以论坛为例，资讯/新闻/活动/八卦等夹杂在一起，那么该如何规范呢？玩家从入口进入通道，却发现通道内有老鼠、蟑螂、石砖、泥墙，那么他如何找到自己需要的木板呢？

此类引导需要规范性指导，就像大厦中的安全通道，它将告诉玩家，往哪儿走……

■ **文字引导的营养性**

观众的耐心是有限的，如果文章前三段不能吸引人，那么第五段的核心内容即使再丰富，能看到的玩家也会是少之又少。言简意赅，提取文字引导的营养性，让玩家消化、吸收这才是写文章的核心目的！

■ **系统解说的逻辑性**

如果产品预热期，玩家没有接触到产品，那么线下引导的逻辑性将变得至关重要，包括告诉玩家各个系统的关系，玩家打副本得装备卷轴，打竞技得至尊宝石，在装备锻造界面提升装备品质等。

在此阶段，玩家没有接触产品，对游戏内的一切都比较上心和好奇。通过系统解说，不仅能提升玩家对游戏的兴趣，还能对玩家造成一种潜移默化的引导。

■ **用户思维性引导**

用户思维，即玩家思维。玩家不会去听一个策划案写了七七四十九天，也不会去管策划为了实现系统和程序打得死去活来。他关心的是，为什么要玩这个系统？怎么玩这个系统？这个系统现在对他有用吗？

要了解用户需要什么。游戏的引导是否有吸引用户的那个核心点？只有站在用户的角度思考，才知道他们想什么、要什么。在此基础上进行软性引导，将远比硬性引导要好。

■ 新手引导的线下交互

图2.28 线下交互

在某款游戏中，武器强化到10以上碎装备的几率是90%，玩家A将一把武器强化到20。之后众多需要强化装备的玩家都向他请教，而他所写的攻略秘籍也远比官方文案受欢迎。用户对大神总有一种莫名的敬仰，一次精彩的操作不仅仅意味着一个优秀的战绩，更是一种金字塔操作的荣耀，玩家取经拜读的兴致将远超官方解说。

如果说基础引导是官方对玩家的一种指导性行为，那么深入引导则是利益驱使下的导向。注重玩家间的群体效应，了解用户爱炫耀是不争的事实。官方解说就如体彩中心教你怎么中500万一样，玩家往往一笑了之，但是对于玩家和玩家之间，哪怕很小的攻略秘诀，也能引起一番震动。如何在新手引导期去经营一场玩家之间的线下交互，也是一种策略。

运营经理的解释让小O对新手引导有了更深的认识，新手引导不是一个独立的功能，它是基于功能所做出的一种体验。只有明确新手引导存在的价值，以用户为目标，以价值为导向才能更好地服务用户。这个服务不仅是线上，同时也包括线下，用户从接触产品开始，交互已经开始。通过好的引导去服务用户，通过好的体验去转化用户，只有这样，用户价值才会增加，产品价值才能得以增强。

2.4 用户调研怎么做

产品完善新手引导，在经历一轮封测之后，测试分析报告提交到各个部门。内测版本的准备工作正在紧锣密鼓地进行。同时，小O也接到了新的任务：开始一次用户调研及需求分析，完善内测版本内容。

接到任务后的小O找到运营经理，说出了自己的疑问：“用户调研与需求分析有什么必然联系吗？”对此，运营经理为小O模拟了一段情景。

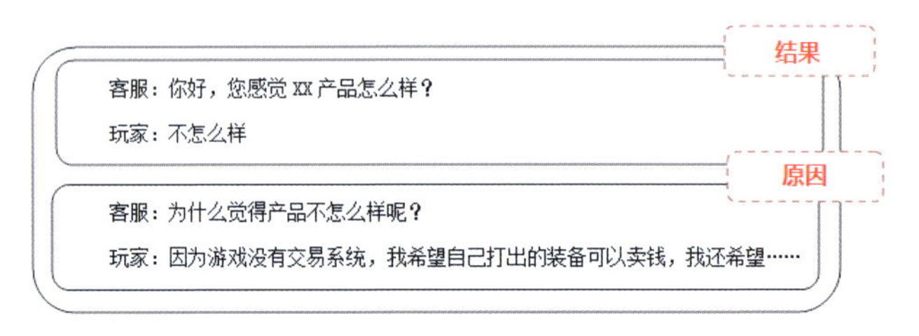

图2.29　由结果分析原因

看到这里，小O明白，任何结果都是有原因的，而用户流失的原因就包括产品未满足预期等。那么，如何知道用户对产品的期望与需求呢？据运营经理解释，除了产品本身的反馈接口和数据反馈之外，用户调研是一种更为直观快捷的信息获取方式。

那么，用户调研应该怎么做呢？不同的人会根据自身需求的不同，对用户调研进行简化或者尽可能地细化，但最为常见的调研流程为以下5步。

1. **明确调研目的，找准调研方向**
2. **根据产品属性确定调研群体**
3. **敲定调研方式，联系目标群体**
4. **规范调研内容**
5. **分析评估调研结果**

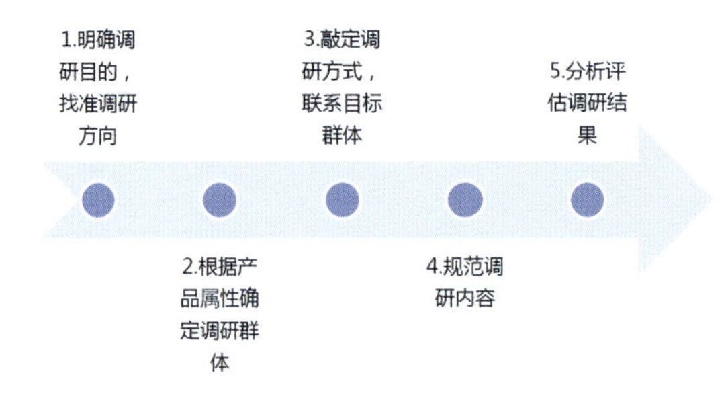

图2.30　调研流程

■ 明确调研目的，找准调研方向

无论做什么产品，用户调研的过程都不应该省去。在做调研之前，首先需要做的是明确为什么要做调研，把握调研目的。然后确定调研方向并给予预测，通过用户调研去进行验证。

调研目的：内测阶段开展付费测试，提前调研付费玩家与不付费玩家对手游有什么需求？

调研方向：网游，MMO强交互类产品深入。

调研预测：付费玩家需要更多玩家陪玩，炫耀游戏成绩，不付费玩家希望游戏道具定价能够更低，更优惠。

■ 根据产品属性确定调研群体

确定调研方向之后，接着需要确认调研的用户群体，在这里需要根据产品类型尽可能地分析利益提供群体，接下来再进行特征细分，是学生还是上班族？将用户设为不同的用户模型，再进行取样调研。

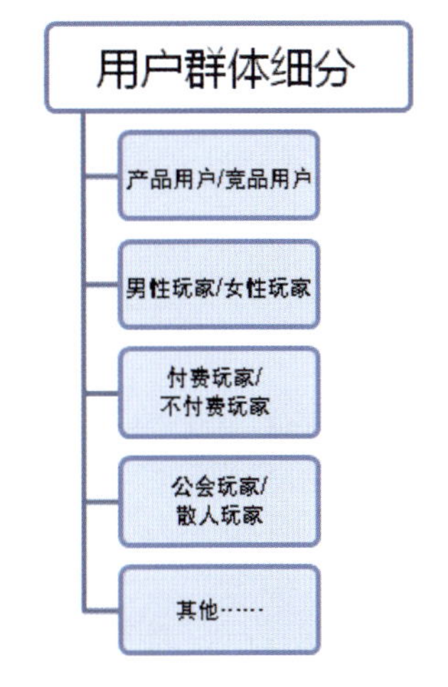

图2.31 用户群体细分

■ 敲定调研方式，联系目标群体

确定了调研的用户群体之后，用什么样的调研方式去联系他们？是打电话？QQ聊天？贴吧讨论？论坛交流？还是在线下举办一次座谈会？

■ 规范调研内容

随后开始正式调研工作，问什么问题？怎么问？如何才能通过用户调研去验证自己的预测或者得到新的信息？

图2.32 增加联系方式

首先要明确用户的潜在需求，用户说锤子不好，是因为他们只想钻孔，这样无论怎么改变锤子都是没用的。其次要有一个开放的态度，以客观态度去倾听，切不可在用户说出自己的理解时去打断他们并加以解释。用户的第一印象和理解都是基于产品体验产生的，而不是站在开发者的角度去思考。最后善于记录，抓住用户诉说重点，再进行整理分析。

调研主题		
调研对象		
调研人员		
调研时间		
调研描述	提问	
	倾听	
	记录	
	整理	
	确认	

■ 分析评估调研结果

调研结果如何？是否满足预期？是否符合预测结果？然后综合用户的调研结果及产品实际情况进行分析评估，最后提炼可用元素用于产品优化。

听完运营经理的指导，小O整理思路后提交如下报告。

样本1

调研主题	内测阶段开展付费测试，提前调研付费玩家与不付费玩家对手游有什么需求	
调研对象	小R玩家A	
调研人员	小O	
调研时间	X年X月X日	
调研描述	提问	1. 玩家A在游戏中充值多少钱 2. 愿意把钱花在哪里 3. 喜欢在什么类型的游戏中花钱，一般在什么时间花钱（活动or其他） 4. 对当前游戏侧重点集中在哪里 5. 对后续游戏期望如何，还会继续充钱吗
	倾听	1. 游戏充值200元，大部分充值在时空猎人 2. 充钱主要看重实用，例如打不过怪物时 3. 喜欢在即时类游戏中充值，有活动就充，没活动需要试玩一星期再考虑 4. 目前很重视游戏画面 5. 希望以后的游戏清晰度要高、画风好看、音乐也要好听。最好NPC说话有声音、武器强化到一定程度会发光，只要游戏好玩，愿意继续充钱
	记录	小R用户付费趋于理性，倾向实用功能，喜欢在活动中充值，同时看重游戏美术，对于已有游戏，个人需求很大。这类玩家对后续的付费热情很高，之所以定义为小R，并非是他们没有付费能力，而是他们没有付费意愿
	整理	样本1记录
	确认	

样本2

<table>
<tr><td>调研主题</td><td colspan="2">内测阶段开展付费测试，提前调研付费玩家与不付费玩家对手游有什么需求</td></tr>
<tr><td>调研对象</td><td colspan="2">中R玩家B</td></tr>
<tr><td>调研人员</td><td colspan="2">小O</td></tr>
<tr><td>调研时间</td><td colspan="2">X年X月X日</td></tr>
<tr><td rowspan="5">调研描述</td><td>提问</td><td>1. 玩家B在游戏中充值多少钱
2. 愿意把钱花在哪里
3. 喜欢在什么类型的游戏中花钱，一般在什么时间花钱（活动or其他）
4. 对当前游戏侧重点集中在哪里
5. 对后续游戏期望如何，还会继续充钱吗</td></tr>
<tr><td>倾听</td><td>1. 经常充值，一年累计上万元
2. 喜欢将钱花在好看的地方，例如时装等，但如果太坑会放弃
3. 喜欢在即时类游戏中充值，在活动方面主要看活动的吸引力，对奖励（优惠）不会在乎
4. 目前手游太坑，不充钱根本无法玩，很伤玩家
5. 希望游戏出交易系统，副本物品不要绑定，让市场流通，充钱送什么顶级宝石装备之类的不要，不要让游戏变成人民币玩家的，如果有好游戏会充钱，没好游戏倾向单机</td></tr>
<tr><td>记录</td><td>后知后觉型用户，如果开发者以浮躁的态度去做游戏，那么用户能慢慢感觉到。随着游戏深入，用户感觉游戏对他们很不友好便会离开，注重产品可玩性，同时对系统自由度要求较高</td></tr>
<tr><td>整理</td><td>样本2记录</td></tr>
<tr><td>确认</td><td></td></tr>
</table>

样本3

<table>
<tr><td>调研主题</td><td colspan="2">内测阶段开展付费测试，提前调研付费玩家与不付费玩家对手游有什么需求</td></tr>
<tr><td>调研对象</td><td colspan="2">不付费玩家-女性H</td></tr>
<tr><td>调研人员</td><td colspan="2">小O</td></tr>
<tr><td>调研时间</td><td colspan="2">X年X月X日</td></tr>
<tr><td></td><td>提问</td><td>1. 玩家H在游戏中为什么不充钱
2. 在游戏中的乐趣主要集中在哪里
3 对现在的游戏有什么期望</td></tr>
<tr><td>调研描述</td><td>倾听</td><td>1. 游戏中不充钱是可以用渠道货币去兑换道具的，例如九游的U点，无论是排行榜还是时装，都是面子而已，而且本身就对手机游戏不感兴趣
2. 主要乐趣集中在和朋友的社交层面，一般是朋友玩就玩，毕竟花钱也就是和朋友一起赶新鲜，如果想吸引我去游戏，那就要有好朋友或者是有喜欢的人在，才会去</td></tr>
</table>

续表

调研描述	倾听	3. 希望游戏中加入一些能够帮助我们成长的东西，或是一些功能，总之是偏向精神层次的，不要有色情元素，低俗宣传，要向正能量看齐
	记录	对游戏本身无太大兴趣的用户，游戏乐趣主要集中在好友互动上，充值重点在渠道货币及朋友扎堆充值，玩游戏重点在社交，后期流失原因极有可能为社交流失，对游戏要求集中在精神层面，希望内容健康、有趣
	整理	样本3记录
	确认	

最终小O在对5种不同对象进行多轮调研筛选之后，得出以下结果。

对象人群	调研结果
散人–男A	小R用户付费趋于理性，倾向实用功能，喜欢在活动中充值，同时看重游戏美术。对于已有游戏，个人需求很大，并且这类玩家对后续的付费热情很高，之所以定义为小R，并非是他们没有付费能力，而是他们没有付费意愿
散人–女C	女性付费玩家相对于男性付费玩家而言，对游戏本身的思考较少，在付费意愿上，一般比较感性。但是对于付费本身，女性玩家会比较喜欢在活动优惠上动小心思，尽量为自己争取到更多实惠。对于游戏质量而言，女性玩家在美术要求上远远高于玩法
公会–男D	因为公会比拼，有些吸引力一般的地方也会花钱，不同的玩家付费额度、意愿其实并不是取决于他们的付费能力，产品本身的付费吸引力以及环境所附加的驱动力同样会影响到他们付费意愿。同时，用户付费越高，对游戏期望值越低，一方面是情感满足，另一方面则是情感缺失
公会–女E	官方区别对待损害情感，礼包种类按公会规模给，私自返还会长损害公会内部成员情感，对大R群体用托儿刺激，严重损害玩家情感。游戏生态需要整合，用户行为驱动方式需要官方以理性方式对待，对于公会扶持需要慎重考虑
不付费玩家H	对游戏本身无太大兴趣的用户，游戏乐趣主要集中在好友互动上，充值重点在渠道货币及朋友扎堆充值，玩游戏重点在社交，后期流失极有可能为社交流失。对游戏要求集中在精神层面，希望内容健康、有趣

对于小O的调研，运营经理提醒道：调研群体必须广而散，采取随机抽样调查，切不可因为熟悉，近距离进行小范围的群体调查，并且每个模型采集需要进行多个样本调研。只有这样，才能让调研结果更加具备参考价值。

小O对运营经理的说法表示认可，小O认为：用户情感也很重要！玩产品的最终目的是为了在用户群体中得到认可与支持，这是最终目的。而用户的认可与支持是一种态度，官方切不可本末倒置。

最后，小O对调研结果进行归纳：

图2.33 归纳总结

1. 大部分玩家基于美术对游戏产生真正的第一印象，并在进入游戏之后，对美术与数值的要求很高。
2. 随着微信微博从1.0到2.0模式的转变，以及端游、页游的影响，用户对游戏的需求越来越多。例如社交因素，这个目前是大部分游戏都没有重视的一面，从微信游戏可以看出，越来越多的游戏已经在着重刻画用户之间的交互。毕竟人是群体动物，没有交流的世界索然无味。
3. “托”是把双刃剑，既会刺激用户消费也会伤害用户情感，需要官方慎重对待。
4. 人生来不平等，这是一个比较现实的问题，由此官方面对不同玩家，所以需要官方权衡。任何硬性要求都会直接刺激用户情感。
5. 游戏内涵。众所周知，一款好的游戏要有好的世界观等一系列元素，运营期通过市场推广，女优外围一系列低俗炒作捧热产品。不可否认的是，这种噱头很吸眼球，但大部分厂商在炒作一番之后，便无下文，冷落了一群等待结果的看客，最终草草收场，长此以往，影响的是整个游戏氛围，或者说游戏生态。
6. 驱动力。活动没人参加？这是很尴尬的事，从玩家口中可以得知，用户对于小恩小惠，显得不是那么在意，只有少量女性玩家会考虑这块儿。
7. 玩家与玩家之间的口碑效应很重要。
8. 大R与小R的不同思想，就如现实一样，钱少的看物质温饱；有钱的在物质温饱的前提下追求精神享受，希望炫富心理得到崇拜与认可。
9. 大R已经处于充值顶峰，对于毫无创新的游戏，已经是一种看透一切的心态，并没什么过多付费期望。反倒是小R没有接触到更多的付费乐趣，对于游戏的期望值一直很高，并且付费意愿与金额会逐步提升。

2.5 用户需求分析

归纳用户调研的一系列问题，面对已经整理成册的用户调研结果，小O提出新的问题：在了解了用户需求之后，然后应该做些什么呢？用户需求列出，官方是否需要逐条修改？

对此，运营经理借用福特汽车创始人亨利·福特说过的一句话——“如果听用户的，我们根本做不出汽车，因为他们需要的只是一匹快马。”

小O纳闷：难道就不管用户需求了吗？

运营经理予以否决，不听不是不管，任何需求都要经过评审阶段。通俗来讲，也就是把用户需求通过评审阶段之后转化为产品需求，而在做需求的同时，又需要注重需求体验，以用户为中心的设计理念（UCD，User Centered Design）完善产品。

谈到用户需求与用户体验，无疑是了解可用性+需求体验（需求：这个产品能干什么；体验：怎么干才能用得爽）的过程。用户需求不可见，它是一种抽象的概念，而产品体验是真实可见的，它是用户需求的一种实例化表现。如何将抽象化的需求转换为实例化的体验，产品需求便是一个不可或缺的中转站。

例如，玩家A需要一件时装，玩家B需要一场活动。小O作为一名运营人员，面对众多的用户需求，他做还是不做？

图2.34 用户需求分析

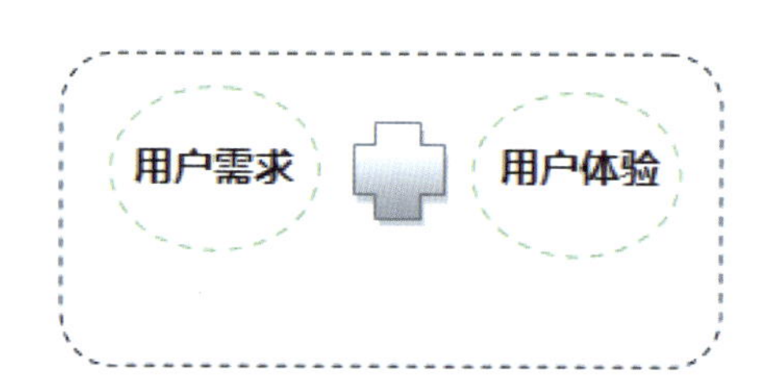

图2.35 用户需求+用户体验

图2.36 产品需要中转站

小O觉得需求源于用户，所以可以做，同时他又认为需求可以被创造，可以换种方式做。

不管做不做，首先要知道的是，需求来源于理想和现实的差距。既然需求产生，那么随之而来的是产生各类解决方法，目前常见的解决方法有以下3种。

1. **改变现状：**权衡用户需求改产品。
2. **降低期望：**通过降低期望提高用户对产品的满意度。
3. **需求转移：**通过其他需求或者更改需求的表现形式达到用户期望。

上面是用户需求较为常见的处理方法。作为一名运营人员，对于用户想要的东西，我们不能不管他们，首先探索他们内心真正的渴望，然后再给出更好的解决方案。这才是最好的用户需求向产品需求转换的方式。

说到这里，光谈需求可不行，要知道用户动机才是需求和解决方案最有效的途径。那么，如何发掘用户动机呢?

用户想要一个钻头，这是用户的需求，但不是动机。他可能只想在桌子上钻个孔，那么这个钻孔才是用户需要钻头的动机。由此可见，用户动机不会直接展现，但是我们依然可以从他们的行为和反馈中进行推断。

图2.37　了解用户动机

现实中经常出现一种情况，产品根据用户需求去改进，往往功能实现了，用户却不喜欢。不是功能改进不行，而是有时候用户自己都不清楚自己到底需要什么，毕竟用户的专业度有限。而我们要做的就是，根据用户需求去发掘用户动机，然后综合环境、产品、用户等因素去整理产品需求。

在这里，一般会做系列调研。回到开头说的调研方式，常见的有问卷法、观察法及访谈法。美国Karl T.Ulrich和Steven D.Eppinger有一本书《产品设计与开发》确定了需求过程。

1. 从客户处收集原始资料
2. 将用户资料整理为用户需求
3. 将需求列为一、二、三级需求构成的等级
4. 建立需求的相对重要性
5. 对结果和过程进行反思

图2.38是一套确定需求的过程，换个角度来看，我们也可以通过情景分析法去确定产品需求。但是要记住的是用户需求转换为产品需求基于的是产品框架/结构的基础，不能盲目乱来。

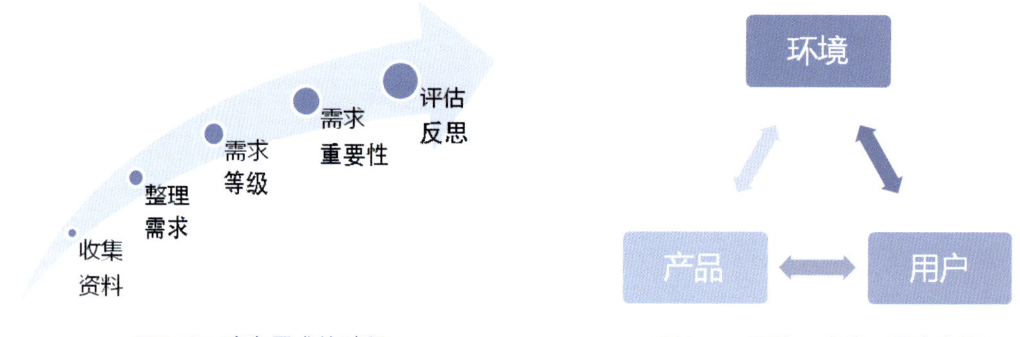

图2.38　确定需求的过程

图2.39　环境、产品、用户交互

- **环境与用户的交互**

例如，人在沙漠中，需要水、需要遮阳伞，他们产生需求的动机是因为太热。

- **用户与产品的交互**

例如，解决用户太热的问题是关键，那么如何解决太热的问题？推出产品，如防晒服，提供用户使用。

- **产品与环境的交互**

例如，防晒服在沙漠中磨损情况怎么样？有没有其他物品（如防晒霜）比防晒服更好？

以游戏为例，玩家在困难的副本环境中需要提升战斗力，提升战斗力的动机是关卡太难，针对关卡太难的情况，推出一系列道具，供用户使用。道具在副本中的适用性怎么样，还有没有更适合玩家的道具？综上所述，不难看出，用户需求与产品需求均不是独立分开的，那么用户需求转换为产品需求的流程有哪些？

2.5.1　抽象出用户需求

用户需求有两种方式呈现，一种是用户有强烈的需求，如“我很想要什么东西”；另一种则是用户没有强烈的感受，但是逻辑上说得通。

当用户有强烈需求的时候，我们需要从用户需求中找到突破口，找准用户动机，根据产品框架研究用户需求向产品属性的转化方法。

首先确定用户需求或者期望，然后通过用户与产品交互的过程分析，我们可以知道产品各个属性满足用户需求的程度，再结合用户期望，找到影响用户体验的关键。最后，我们可以找到提升体验的方法，确定产品需求，完成用户到产品的转换。

对于不明确的用户需求，根据用户动机去创造需求。但是在创造需求的过程中，我们要知道，创造需求的唯一途径是民众知识的积累，把需求看成是最后发酵的产物。

图2.40　明确用户需求

2.5.2　需求实例化

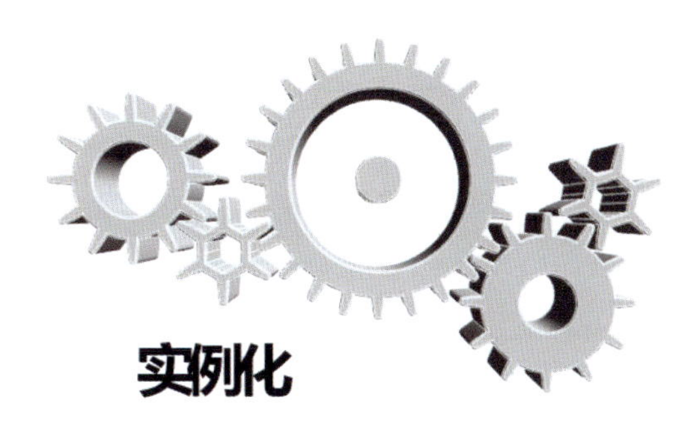

图2.41　需求实例化

如果用户希望有一个送宝石的活动，这就是一个需求。那么综合产品来说，这个需求是与游戏原有资源相冲突的，会破坏产出与消耗的平衡。如何根据产品框架将其实例化，则是第二阶段的需求。在这里，我们可以很明确地看出用户动机，用户要宝石的原因是什么？若宝石消耗在装备镶嵌上，那么武器/战斗力强化就是用户的需求动机。掌握这个动机，我们是否能对宝石进行限时设定，按等级分配不同品阶的宝石。通过优化装备镶嵌方式，达到用户需求与产品需求的转换。

再举个例子，如果用户希望商城能够搜索到用户想要的道具，这也是一个需求。用户的动机是希望能快速精准地寻找目标道具。在产品框架支持的基础上，我们将其实例化，便可以通过添加一个搜索框/搜索按钮达到用户目标，那么搜索框/搜索按钮就是产品需求。

2.5.3 强化产品需求

图2.42 强化产品需求

需求已经实现，那么如何去深度优化，提升需求的竞争力呢？综合用户的使用习惯，在处理运营事件的过程中，不满声有，讨伐声也有。那么如何将用户实例做到极致，提升竞争力呢？

用户需要活动获得宝石，那么活动的门槛，以及宝石的吸引力、活动时间、平台、方式等综合起来，就会形成众多的活动规则。如何优化活动，提升用户参与活动的驱动力。这就是一次竞争，证明自己的活动比其他游戏活动更好，证明自己产品的活动比以往活动更好。结合“搜索框”的例子，搜索框大小、颜色、风格、位置形成了需求的强化面。强化需求，便能提升需求竞争力。

小O根据运营经理说的作出总结：透过表面看本质；通过用户需求去找到用户动机，结合产品本身衡量需求的性价比，最后综合团队实力、需求急切度确定最终产品需求；在开发的产品需求上去优化，强化需求竞争力；这样一套流程虽然说来简单，但是在实际工作中，细节之处需要每个人细细拿捏。

运营经理对此表示认可，同时也抛出新的问题。如果说调研及分析是对用户需求信息的一次了解和完善，那么市场层面的信息又如何获取？基于用户开展营销应该怎么做？

2.6 基于用户开展营销

营销是很重要的一个词，也是被玩坏了的一个词。简单从字面理解，营销即为营运推销。深入一点，它是一种通过很少钱去赚更多钱的方法论。从根本上说，它就是以市场定位+用户群细分+独特卖点为核心的付费运营策略。

随着Web2.0时代的到来，各类营销概念层出不穷，其中受互联网时代影响，营销又分为传统营销和新媒体营销。两者的不同主要在于开放性和可控性两方面，开放性基于新媒体营销模式改变，例如微信等社交平台将每个人打造为个体信息源，人人都是自媒体，参与信息制作/分享等内容，而传统营销则通过报纸讲究统一宣传的覆盖面。前者可以通过点击量/评论数/百度指数一系列参数权衡营销效果，后者则在这块比较难以探测用户反应。

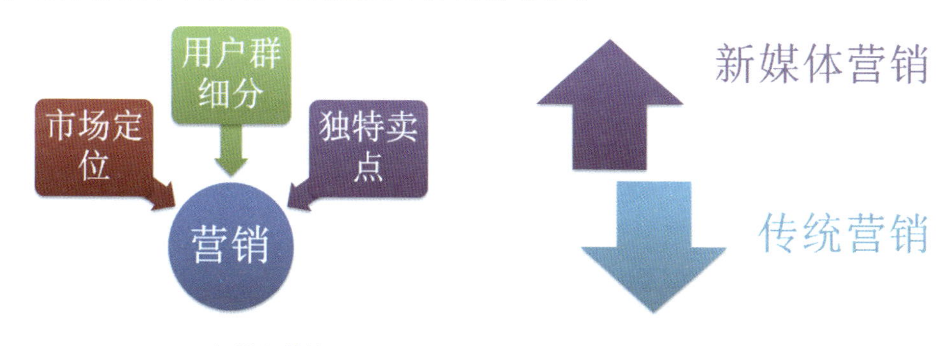

图2.43　怎样做营销　　　　图2.44　营销概念

以最早的纸媒为例，用户对于信息传播常见于个体接收，口头传播，其传播范围小，局限性因素多。与此不同的是如今的新媒体传播，用户不仅能够阅读信息、分享信息，还能自主创造信息。传统营销讲究个体受众，而新媒体营销则在此基础上将个体受众发展为可拓展的信息源。

随着信息化时代的发展，在信息宣传及分享方面变得更加开放。因此衍生出一系列营销套路，例如垂直营销、微信营销、微博营销等。总的来说，“怎么营销”只是方式，而“为什么营销”才是目的。只要能够达到目的，方式是可以多变的。

那么，营销究竟应该怎么做？在正式做之前，我们首先需要清晰地认识到当下手游市场的现状。

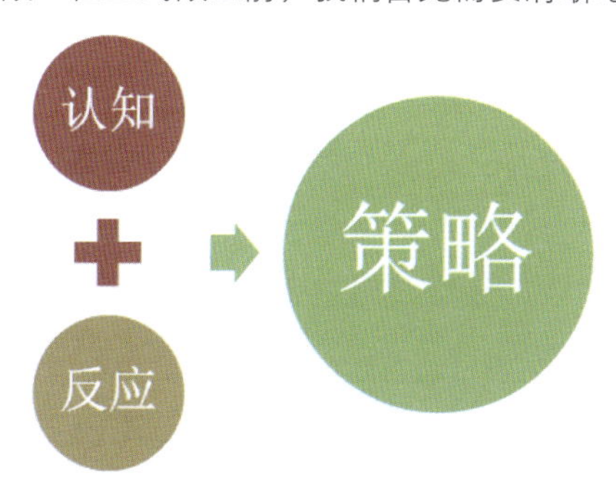

图2.45　营销策略

就当前而言，手游市场的营销方式大部分简单粗暴，一波砸下去，一波收回来。市场对于大部分手游厂商而言，就是一个买广告的地方。长期以来，有些公司通过组合营销等方式赚了不少钱，有些产品弄出叫好不叫座的尴尬局面，有些公司面对不断上升的用户成本瓶颈选择转移阵地，还有些连接厂商与用户的市场平台，专门通过赚广告费获取利润。

在一个快节奏的行业，每一次营销都渴望拥有立竿见影的效果，以直接效益为导向，无异于按人头付费的营销方式。从短期来说，这的确帮助部分公司获取利润；从长远来说，不断白热化的竞争格局将促使用户成本不断上升。假数据与转化率形成最直观的对比，小公司玩不起，大公司玩不出想要的性价比，而手游行业的品牌效应并未完全形成。面对高效的粉丝经济，大部分公司只能伴生于IP、明星去展开营销，这是有优化空间的，而且优化空间很大。

营销简单来说就是把信息传递给市场，由市场推送用户，从而使用户接触产品并产生利润，让产品在投入与产出的过程中不断赚取正向差价。严格来说，营销是将某个核心卖点传递给目标市场，由目标市场推送给目标用户，由目标用户去接触产品，产生利润。核心卖点、目标市场、目标用户，这几个词的差异，使营销精准化，降低的是成本，提高的是转化。

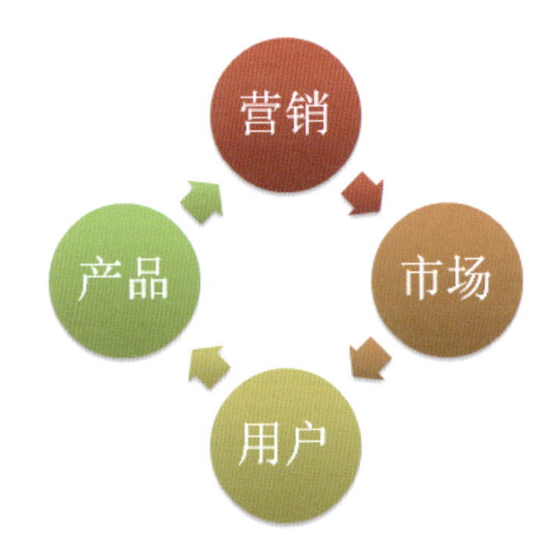

图2.46　营销、市场、用户、产品之间的关系

从图2.46来看，有些厂商营销只看市场，为产品造势，或者说进行资本运作，并不看重用户效果，这往往出现叫好不叫座的情况。有些厂商只看用户，从市场层面来说，即按人头付费的广告投放，从用户本身来说，则是通过公会CPS合作一类，在营销同时赚取利润。

好的营销应该是一次良性循环，流量循环，资金循环。就互联网而言，新媒体营销更加贴近用户，如果说市场营销是一次宽泛的过程，那么用户营销则要讲究细致的方法。那么，营销应该怎么做？

图2.47　营销过程

第一步：市场调查

第二步：SWOT分析

第三步：市场定位及用户细分

第四步：产品卖点

第五步：制定针对性营销策略

第六步：方案评审

第七步：方案执行

第八步：营销评估

第一步：市场调查

如果你想在地铁口推销水果贩卖机，首先你得在地铁口摆地摊，并考虑地铁不允许气味过大的食品等问题。游戏也是如此，想要进入一个市场，首先要了解这个市场。当你想做一件事情时，在这件事情上应该是有目的的，而这个目的是否能够通过验证，则需要调查市场。目前市场现状如何？市场份额以及可拓展性空间有多大？

项目名称	类型	市场调查	备注
XXX	单机	老牌单机霸榜，精品单机新面孔较少；大部分单机盈利重心偏重于其他方式。随着今年运营商一系列政策及措施提出，未来单机市场将逐步规范，最终大部分产品盈利重心将回归产品内容本身	移动整合，支付通道逐步完善；万投比等一系列措施规范市场，对产品计费内容审核力度加大

第二步：SWOT分析

针对市场调查的信息，结合自身情况做出评估，知道自身优势、劣势，了解机会、威胁在哪儿？

企业/项目	优势	劣势	机会	威胁

第三步：市场定位及用户细分

通过SWOT分析，找准企业优势，根据产品属性定位市场，细分用户群。简单来说可以通过马特·大酥的定位方法——《市场定位五把尺子》丈量。

第1把尺：核心功能（产品独特的功能）

第2把尺：核心感受（来自于独特功能的体验感受）

第3把尺：时代印记（所处时代的语言表达方式）

第4把尺：积极主张（正向的品牌主张）

第5把尺：商业利益（确保用户知道如何使用你的产品）

项目	类型	属性	策略	市场定位

通过分析产品属性，最终找到市场切入点，例如填补空白、强占市场等。

项目	类型	目标用户	人群属性	用户定位

制定市场定位及切入方向，分析目标用户属性，综合用户喜好、用户习惯、用户其他特征做针对性优化，投其所好。

第四步：产品卖点

产品卖点，就是产品核心的宣传点。通过有创意、有特色的宣传信息吸引相应的用户群体。在这里，产品卖点的制定将与营销大方向有关，例如新媒体营销，讲究产品卖点的创意性、趣味性、交互性、传播性等。

就营销而言，卖点之后的产品质量很重要。它不仅能使产品拥有好的评价，还能通过口碑效应吸引更多受众。其中更多的是对品牌价值的培养，例如植物大战僵尸1/2系列、梦幻西游端游移植等，其特点都是通过质量和品牌拓展用户，从而通过开发产品情感的共鸣吸引新老用户保持忠诚。

第五步：制定针对性营销策略

营销策略根据营销目的来定。在此之前要知道目的、销售额、市场占有率、品牌影响力等。

明确目的之后，接下来便是营销内容、营销方式，以及营销策略，在此需要根据每个公司实际情况，以及相应目的进行分析思考。综合来说，是通过5W2H敲定整个营销思路，即What（做什么）、Why（为什么做）、How（怎么做）、When（何时做）、Where（在哪儿做）、Who（由谁做）、How Much（做多少）。

第六步：方案评审

营销方案制定完成后，这个方案究竟怎么样？是否可行？预算多少？在此需要做一次详细的评审分析。结合损益分析、风险评估，在指标性控制及阶段性控制中把握节奏。

第七步：方案执行

当市场定位完成，用户细分完成，卖点已经提炼，并且系统性的营销方案已经通过评审，那么剩下来的就是执行。在执行层面，会遇到很多问题，也会拥有很多解决问题的方式，其中包含执行阶段的营销方式、营销周期、营销节奏等。

好的产品至关重要。营销是把双刃剑，能把好的产品宣传到极致，也能让不好的产品死得更快。如何让用户觉得这是一款好的产品？简单来说就是解决需求+完善体验=情感依赖的过程。如何把握用户人群，让他们说好？营销只是催化剂，产品才是根本。

如果产品不错，通过市场定位及用户细分找到自己的切入点，那就为了目标而奋斗吧！营销的方式可以多变，但要讲究结果，例如微信、微博营销等，这其中有可量化元素，是值得深挖的一面。

第八步：营销评估

评估是对结果的一次分析与反思。由于营销整体无法被准确量化，各厂商判定的标准不一，那么如何细化营销效果呢？部分厂商会根据数据及百度指数做出评判，也有些厂商会着重于结果是否达标，而这个达标的标准则根据每家公司的定义不同，其结果各不相同。

如今主流渠道用户量不断增长，竞争愈演愈烈。好的产品配合好的营销将大大改善用户留存以及黏性，不少渠道通过与优质厂商进行深入合作，凭借两者强大的运营及营销能力制定全方位的营销方案，加快产品走向用户的速度。

在营销层面，新媒体营销的出现加快了社会化营销节奏，例如SNS社交平台、搜索引擎等。其手游营销也在逐步进化，通过以往的按“人头”付费营销到已有星星之火的品牌营销，IP（版权/著作权）、影视、文学等泛娱乐化发展加快了品牌营销进程。

当产品成为文化的一部分，当品牌成为情感的一部分，可以预见的是，未来品牌营销将在用户群中获得更多的关注。广告传递的信息更容易让用户相信，用户更加愿意接触广告产品，从而降低导入成本，提高用户转化。不仅如此，以SNS为主的社交营销将主导羊群效应，通过用户与用户之间的分享交互，为产品带来更多的潜在用户群。

2.7　制定适合产品&用户的运营方案

运营方案是每个运营在工作过程中都会接触到的内容，其内容又涵盖市场工作的方方面面。如何制定一份好的运营方案？在格式和内容上并没有明确定义，所有的运营方案都将围绕运营目的展开，高效的运营结果便是对优秀运营方案的最好证明。

对于刚入行的运营新人，面对制定运营方案这项工作内容显得力不从心，下面简单讲解一下运营方案：

运营方案是某阶段公司对于产品战略的一种表达。运营方案根据封测、内测、公测、月度节点各有不同，格式不同，内容不同；而某一阶段的运营方案则是通过

图2.48　运营方案

整合当下公司配备资源，综合市场情况，根据运营目的所作出的一种合理性产品营销方案。

综上所述，公司资源整合涉及各个部门配合，程序接口检查，后台配置，商务渠道，市场推广等。运营经理表示，产品运营方案由运营主导，却不是运营一个人的工作。目前大部分公司的运营内容大同小异，如何整合资源，排列资源，梳理自身运营思路，调整运营节奏是当前运营的重中之重。

那么，如何做一份适合自身产品的运营方案呢？

在做具体的运营方案之前，需要做出5W2H（What、Why、How、When、Where、Who、How Much）方法分析，即做什么，为什么做，怎么做，什么时间做，在哪儿做，谁来做，做多少等。

图2.49　5W2H分析法

其次，要列出运营方案需要哪些工作模块，随后进行内容细分，以图2.50为例：

图2.50　运营方案的工作模块

不同节点的运营内容不同，图2.50为某单机游戏的运营内容，运营需要根据不同产品，不同资源敲定最合适当前状况的运营方案。

运营思路：

1. 产品定位。这是一款什么样的产品？适合往哪些渠道推起量快、效果好？预测量级和流水范围是多少？

2. 清楚推广渠道。产品根据推广渠道的特性做针对性优化。如果不清楚推广渠道，产品可以分别在市场、商店、PUSH等渠道推广，通过数据做对比，敲定当期重点合作渠道类型。
3. 选定渠道类型。该类型渠道有哪些已经掌握的详细渠道？渠道资源如何？渠道要求如何？这需要商务运营人员配合逐个列出，便于产品人员挑选前期测试渠道。
4. 通道相关如何选择，权衡扣量，投诉等情况，思考后台如何优化等。

目标：

不同阶段的运营目标不同，以网游测试阶段为例：

内测测试重点	目的	测试阶段
1.压力测试，主要两个方面，第一程序上有没有问题，第二服务器配置和调试有没有问题	一个服务器最少可以支持2000人同时在线	封测
2.测试数据采集，主要按内测数据采集平台的需求采集	1.采集数据要准确。2采集数据要全面。3使用方便	封测&内测
3.GM工具，是否符合活动和日常维护的需要	可以根据活动等实际情况进行调整，在内测结束前完成	封测&内测
4.游戏的品质测试	内测结束前消灭致命bug，配置足够收费点。保证一定流失率	内测
5.支持活动类型评估	保证活动的多样性	封测&内测
6.充值活动和充值系统评估	保证充值系统稳定，充值活动多样性	内测
7.收费点评估，评估多种金额的消耗周期	收费点接受度，足够丰富。收费点达到一定深度	封测&内测

测试阶段的网游着重于系统验证，接口测试，另一款游戏在上线阶段运营目的如下：

一、 x 月数据目标

重点合作渠道	通道	数据类型	预期数据	实际数据	增减率
		充值收入			
		充值人数			
		新增用户数			
		月活跃人数			
		日均活跃用户数			
		月ARPU			
		充值收入			
		充值人数			
		新增用户数			
		月活跃人数			
		日均活跃用户数			
		月ARPU			

二、 X 月新增合作方计划

日期	渠道	通道	合作方式

不同产品的不同阶段，运营目标不同，有些着重于产品调优，有些着重于流量变现。在敲定方案目的之后，接下来的工作内容就是各部门之间的协调，通过整合资源达到预期结果。

版本规范：

XX版本内容与时间计划				
版本号	版本时间	版本基本内容	版本目的	备注
2.0.1				

类型	内容项	详细内容	开始时间	结束时间	负责人	辅助负责人	目前进度	备注
版本V2.0.x	版本管理规范	版本运营计划相关规范						
		版本更新、发布流程规范						
		运营活动，内部运营需求规范						
		版本内容，BUG提交，修复规范						
	版本测试	版本功能及策划文档测试						
		版本计费功能、SDK级别测试						
		版本预期数据，导量测试						
	版本计划相关	后续版本计划确认						
		版本内容宣传、包装需求分发						
		新内容数据需求						
		版本迭代方案						

版本规范主要为产品历史版本记录和新版迭代内容，其内容涵盖版本管理规范，版本测试规范及版本计划相关模块。简单来说，也就是版本更新，发布，优化内容，修复问题，功能测试，计费调优，新版数据规范及内容宣传等内容。其每一个细节项都需要整合一个详细的说明文档，提供各部门了解审阅，便于后期版本问题沟通及优化。

运营需求：

各阶段的运营目的不同，其运营需求围绕目的做变更。以网游为例，常见于活动开发需求/支付，反馈接口需求、后台需求，而单机游戏相对简单，需求主要围绕渠道和通道进行。

模块	工作项	详细内容	开始时间	结束时间	负责人	辅助负责人	进度	备注
运营活动	活动	运营活动策划案						
		活动开发						
		活动检查						
		效果分析及优化						
	接口	各类反馈接口						
通道类	SDK	计费界面及稳定性，可控性						
市场推广	媒体投放	选择相关媒体						
		软文撰写						
		市场软文发布跟进						
	广告投放	合作模式确认						
		宣传素材制作						
		导量需求沟通						
		资源分配-导量执行						

运营工作：

运营期具体工作以网游为例，其阶段主要分为预热期、推动期、引爆期，随着近几年的IP热，强IP产品前期的预热多为引爆式宣传，其目的是为了让产品更好更快地打入市场。

内测运营计划							
日期	计划宣传点		宣传点描述	配合宣传的内容	实际执行	是否执行	执行日期
4月22日—4月23日	新产品预热1	软文+图片+视频	1、新产品即将发布 2、新产品轮廓与背景	专区，论坛上线			
	新产品预热2		1、新产品内容发布 2、新产品新特色 3、新产品视频	专区，论坛逐步完善			
4月24日—4月26日	核心系统		1、野外刷怪 2、副本 3、击杀BOSS 4、宠物 5、坐骑 6、社交	1、专区资料 2、论坛帖子逐步完善			
	职业介绍		三个职业特点，分男女				
	游戏特色剧情						
4月27日—4月28日	周末论坛曝光产品内容，玩家吸引至论坛，进行互动并关注论坛动态。						

就单机游戏而言，受平台及本身交互短板的限制，其运营工作内容可做另一种分类，即基础运营阶段，测试运营阶段和正式运营阶段。

运营阶段	运营事项	事项细分	完成时间	进度	责任人	辅助责任人	备注	3月 6 周五	7 周六	8 周日	9 周一	10 周二	1 周
基础运营	资料确认及提交	项目对接联系人表		未开始				未开始	进行中	已完成			
		策划文档、数值文档检查		进行中									
		运营素材资料提交		已完成									
		游戏内接口文档											
		服务器环境及游戏配置文档											
		SDK接入文档											
	运营资质申请	游戏著作权及版号电子档提交											
	基础工作准备	QQ群											
		微信、微博											
		专区论坛											
	确定事项	首先确定上线平台											
		确定上线平台时间点											
		商务开始走相关流程											

测试阶段	运营事项	事项细分					
测试阶段	媒体宣传准备	媒体联系，需求整理					
		攻略、评测软文撰写					
		市场预热宣传启动安排					
	测试准备	测试平台确认					
		测试包体、通道确认					
		测试节点确认					
		测试需求及目的确认					
		版本管理规范确认					
		数据后台搭建					
		接入测试平台的接口					
	开启测试	测试版本准备					
		测试版本提交					
		监控各类接口反馈					
		监控各渠道数据表现					
		数据分析报告及评估					

市场工作：

市场属于一种隐性工作，市场推广效果并不能立竿见影地呈现在产品中。通俗理解，市场的工作就是拓展市场，帮助产品将入口打开，使其更快地进入市场，占领一定份额。当然，据运营经理解释，市场工作需要结合产品进行，通过推出产品亮点，告知用户及渠道，自身产品是符合市场需求的产物，在这里，以小说或者电影为例：

众所周知，小说电影都会有一个故事核，情节围绕故事核展开。运营也是如此，每个游戏各不相同，玩法不同，特色不同，那么运营方案的那个“核”也就不同。在这里，我们通常将这个“核”叫宣传点。这个宣传点可以是知名IP，也可以是亮点创意，就目的而言，就是要让市场知道这个产品的特色。

A
宣传点
跟玩法的特殊性有关的宣传，以创新系统做突破点，重点突出玩法的特色符合未来游戏的发展方向
横向对比的形式，炒游戏的特色系统，但是要注意不能太直接，避免其他游戏快速复制。
特色点一：坐骑变色
特色点二：宠物守护神
特色点三：XX副本,副本的多样化
特色点四：比武招亲

图2.51　了解产品宣传点

可以看出，宣传点的采样都是以独特性的玩法为主，总而言之，就是要告诉用户，自身游戏很特别，玩法不同，美术不同，好奇了吗？心动了吗？那就快来体验一下吧！

当前，除了敲定市场宣传点之外，其宣传时间、周期、方式需要市场人员配合进行，通过多部门配合，达到1+1>2的效果。

阶段	时间	内容	形式	备注	责任人	辅助责任人
测试期		百度百科	稿件			
		稿件宣传	稿件			
		微博	稿件			
		微信	稿件			
		媒体礼包要求	媒体位置			
		稿件宣传	稿件			
		评测	稿件			
		攻略	稿件			
		访谈	稿件			
		游戏活动	活动			
上线期		稿件宣传	稿件			
		访谈	稿件			
		测评	稿件			
		游戏活动	活动			
		视频	视频			

商务工作：

商务是一个极其重要的部门，从开始的确认合作到后续对账结算，都是和钱直接挂钩的工作内容，不少公司对商务岗均是底薪+提成的激励方式，在这里商务的工作内容变得至关重要。

日期	测试阶段	测试渠道	渠道类型	通道	合作方式	分成比例	渠道需求	dau	dnu	付费用户	新增付费	付费次数	付费金额	Darpu	arppu	次留	次
	测试																
	正式上线																

商务是一个接口，一方面负责把产品推出去，另一方面负责把外界信息收集进来。商务职能根据公司性质各有不同，以发行为例，商务最直观的职能便是产品引入，渠道接入，支付合作。对推产品的商务而言，运营需要严格把关，在渠道选择以及数据监控中和商务紧密联系，随时沟通数据异常变化，产品需求相关；数据好的渠道，努力维持数据；数据差的渠道，弄清楚差的原因；波动大的通道，检查波动原因等。

从策划到程序，从市场到商务。运营方案需要综合各部门能力对产品资源进行排列整合，什么时间做什么工作，这是运营需要把控的重点。对运营自身而言，这很重要，好的运营节奏在市场运作中可以避免很多突发因素，也能黏住用户盘子，避免三分热度之后被其他竞品抢夺。这是一门细活儿，除了能力之外，更重要的是机会以及经验，还有运营人员本身的悟性。

在游戏运营中，如今预热阶段开始变得越来越重要，预热通俗来说就是炒热市场，告诉用户有个游戏即将到来。大公司财力雄厚，通过IP对产品进行包装，开展大规模、多维度的宣传，这并不适用于所有公司和所有产品，以草根厂商为例，通常是前期通过低成本掌握一批小而精的核心用户群，随后逐步扩散，这里小而精的用户包含精英玩家，骨灰级玩家，以及各公会高层。从产品层面来说，CB（封测，内测）阶段的测试，必然是一场不稳定的测试，精英玩家相对而言耐心更

图2.52　运营节奏感

好，想法更多。而前期招募新手玩家容易引起疲软效应，整个游戏测试氛围被破坏，对于即时在线的游戏来说，影响很大。

小O根据用户心理分析认为，人潜意识都会有一种优越感。这种优越感的表现不一，可以说是炫耀心，也可以是其他，而官方需要做的就是激发这些核心玩家的炫耀心，其他人不能玩，只有核心玩家能玩，他们的相对层级更高，在这种心理下，用户总是乐于对外分享，他们在玩好东西，一般人是玩不到的。看到别人羡慕渴望的眼神，这部分人很高兴，也很骄傲。

运营经理提醒：用户的耐性有限，这个度需要根据产品进度拿捏，各部门的工作内容围绕运营目的进行。在分析具体运营策略之时，需要运营梳理节奏，切不可为了外界原因动摇运营原则性问题。

方案之后，反思很重要！

图2.53　反思很重要

方案做出来了，会不会出什么问题，出了问题怎么办？

居安思危、未雨绸缪是每个运营都要必备的职业素养，数据异常怎么办？逻辑服务器没有回应怎么办？偶然性Bug出现迫使玩家退出游戏怎么办？一系列的问题，想得到的，想不到的在实际运营中都会产生。如何解决？这便需要运营在撰写运营方案同时准备一套应急方案。有些游戏公司担心服务器宕机会在游戏开测的时候，所以准备备用服务器。担心用户下载障碍，所以多准备几个下载通道，避免玩家同时下载出现问题。

这一块工作内容属于应急预案，需要运营根据自己的产品、自己手中的资源，以及用户群体综合考虑。

最后更多的便是拓展性需求，用户需求和渠道需求都是值得重视的一块，需要运营实时监控处理，这一块运营需要做出详细地需求评审分析，学会取舍，为每个需求设定优先级。哪些必须，哪些垫后，根据需求的必要性去设定优先级，确保时间成本降到最低。

以上是测试阶段的运营方案，关于公测的运营方案，又会各不相同，下面以“某游戏月度运营方案节选”为例进行介绍。

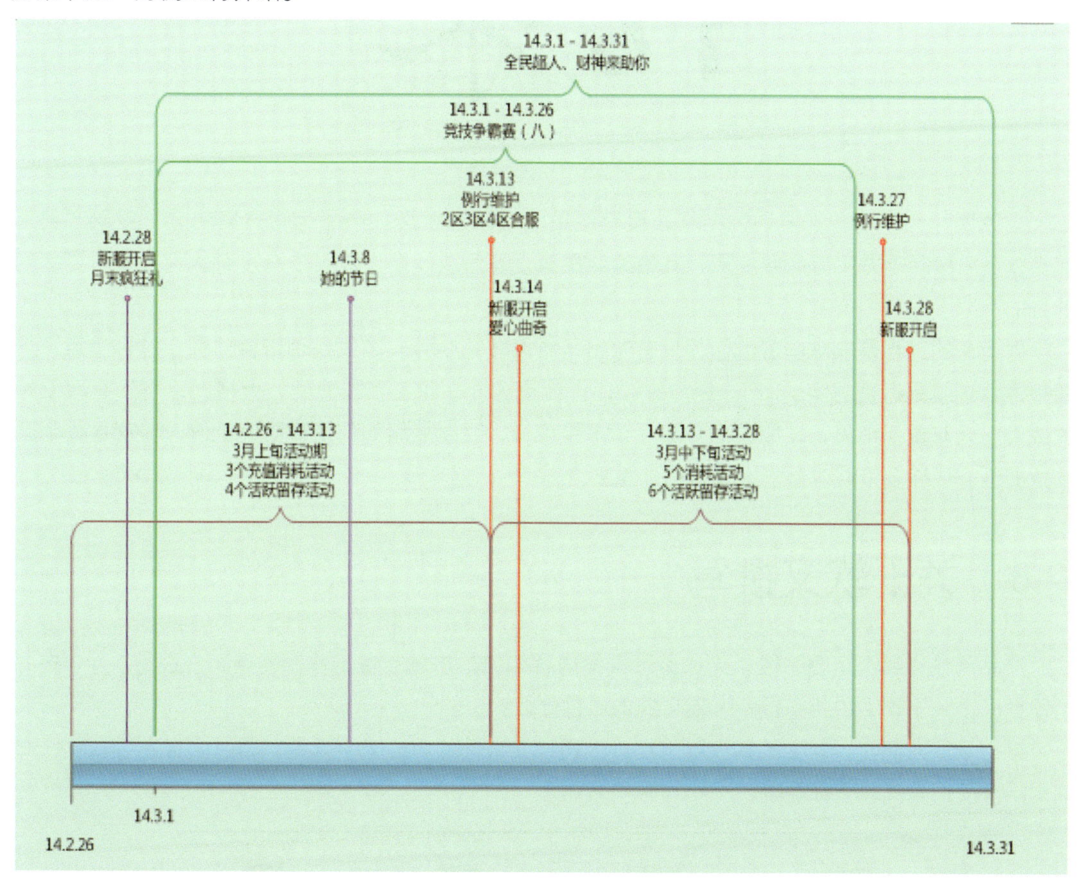

图2.54　某网游14年3月份运营计划节选

从图2.54我们可以看出，正式运营之后，又需要根据产品状况进行新一轮的运营计划制定。至于如何制定，首先运营自身需要进行客观分析，知道为什么制定？目的如何？拉用户还是拉付费？方案的实现方式多种多样，运营需要知道如何排列这些资源，要知道：目标才是关键，方式可以多变！

抖包袱与收包袱，结果很重要！

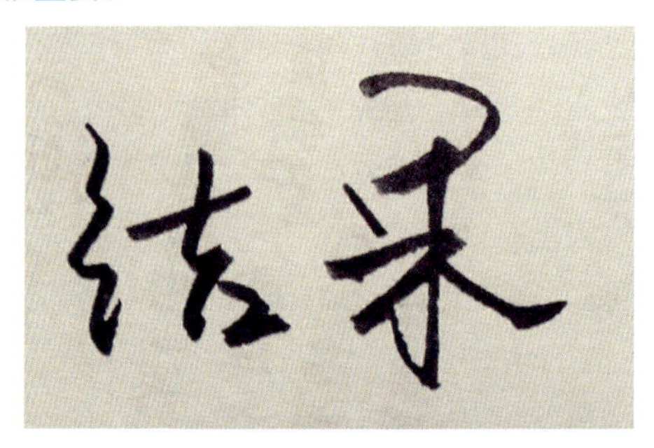

图2.55　结果很重要

无论做什么事情，都要讲究结果，没有结果的事缺乏意义。产品运营方案制定，应急方案落实，以及后续月度方案等内容变更，其最终结果有没有解决问题，或者说有没有达到方案所要达到的目的？

做运营的过程是非常辛苦的，但只有做出了结果才算功劳。结果是否符合预期，是否满意，严谨来说，这就是运营方案的KPI。简单来说，也就是这件事花费了长时间，大精力，有没有取得好的成果。只有重视结果，才能评估方案后续是否可行，后续战略如何发挥更大价值，运营是一个动脑的岗位，战略及策略对运营来说，格外重要。

2.8　关于软文撰写

产品无论在哪个运营阶段，无论运营方案内容如何，市场准备工作都需要同步进行。小O在此阶段抛出了关于软文的新问题——软文的本质是什么？

就市场层面而言，软文的本质就是广告！通过文字性的广告吸引读者，通过内容主导转化，那么文字性的广告又包含哪些呢？

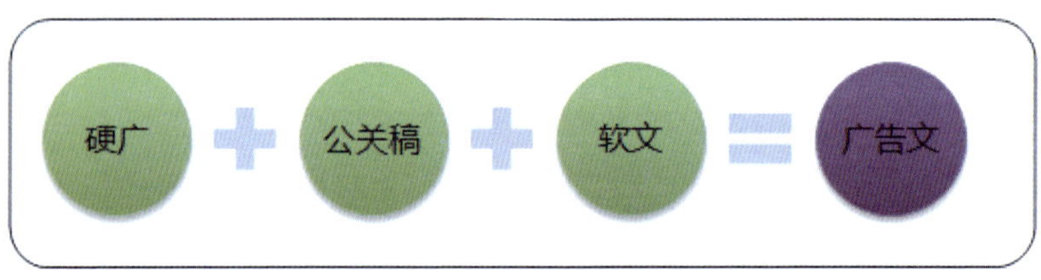

图2.56　文字性的广告

如图（2.56所示），文字性广告主要分为三大模板：

第一是硬广，着重于企业/产品品牌影响力，多见于宣传稿、新闻稿等。

第二是公关稿，着重于企业/产品危机处理，具有明确目的性，依附于公关策略。

第三是软文，着重于用户营销，紧抓用户痛点进行撰写，具有一定转化能力，依附于产品存在。

那么，软文的实际效果怎么样呢？

渠道说："软文转化效果不错。"

媒体说："玩家不爱看软文。"

玩家说："软文看着没意思。"

两种说法，歧义出现在"软文"这个词汇上，那么什么是"软文"？

图2.57　什么是"软文"

与硬广告相比，软文之所以叫做软文，精妙之处就在于一个"软"字，它将宣传内容和文章内容完美结合在一起，让用户在阅读文章时候能够了解策划人所要宣传的东西，而软文最大的好处也在这里，它能将品牌在无形之中渗透进用户人群，借用故事性的表达，委婉地去转化用户，从而降低用户导入成本。

综上所述，再结合目前市场"软文"情况来看，很多人甚至给自己的文章弄错了定位，不少企业将软文写成了硬广，丢掉了软文最大的特性——"绵里藏针"，也就失去了文章的可读性。

换个角度来说，我们必须知道软文需求的源动力。

官方心理：写软文，做推广，恨不得扯着玩家的耳朵大吼——“这是世界上最好的游戏！没有之一！”看看我们的文章写得多么好，快来玩我们的游戏吧！

玩家心理：通过拜读小说等文字类语言，对文章内容充满好奇，对于文章故事性的追求，总想发现一点什么充满趣味性的东西。

两种对比关系可以很明显地看出，官方与玩家之前的需求矛盾，如果说玩家不爱看文字，那么小说文学为何如此受追捧？只有通过发现问题才能解决问题，想要解决玩家需求，必须看透用户需求，这是一套流程，必不可少。

那么问题来了，如何写一篇软文呢？

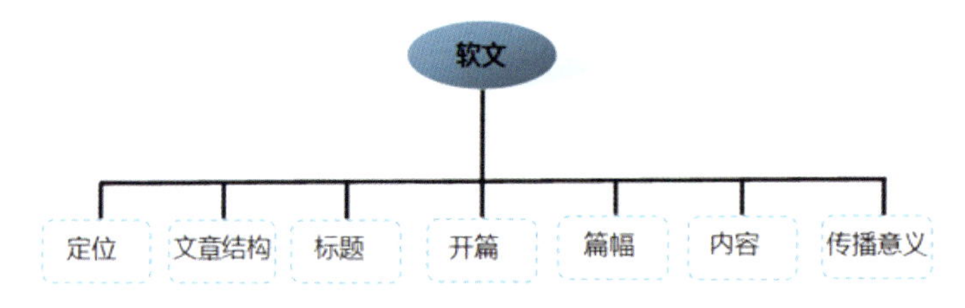

图2.58　如何写软文

一、定位

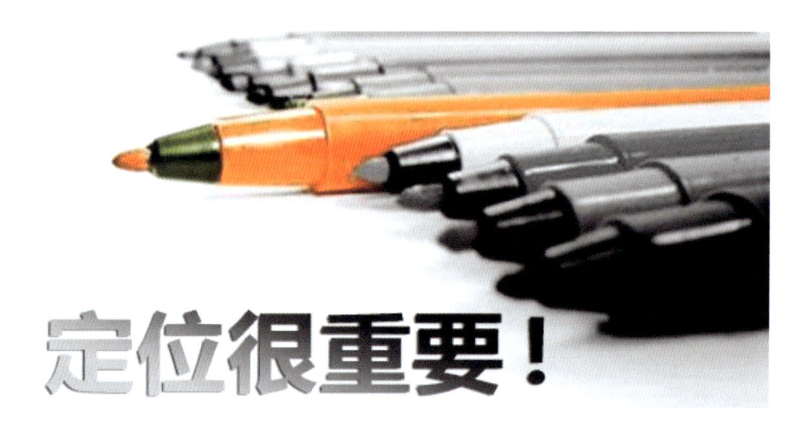

图2.59　软文定位

写软文找准切入点是第一位，首先你的软文要宣传什么内容？写给谁看？这些你必须要清楚，只有这样才能对症下药，将软性广告嵌入到目标人群感兴趣的内容中。

二、文章结构

图2.60　文章结构

设计文章结构，把握整体方向，控制文章走势，这也是一个抖包袱和收包袱的过程。如果只知道不断写故事，那就变成了记流水账。如何确定结构，敲定框架内容则需要根据每个文案擅长的写法和风格进行。

三、标题

图2.61　文章标题

标题作为吸引读者的第一道门槛，重要性不言而喻。它不仅能够归纳文章主旨，还能概括文章内容，更能阐述某种哲理。

对标题而言，又可分为以下3种表现形式。

1. 说明载体。例如《诗经》、《XX手册》，此类载体范围较大，一般对内容量的要求较高。
2. 说明中心。例如《论XX的对与错》，此类手法一般议论文和说明文表现较多。
3. 说明关注。例如《百慕大三角谜底揭幕》、《震惊行业！XX数据玩爆互联网！》，此类手法在游戏行业运用最为常见。

上述为大框架的标题表现，其写作方式又包括以下几种。

经验分享式：《看我是如何从游戏中赚到100万的》

交流情感式：《在这款游戏中，我等到了他》

惊恐提示式：《太可怕了，不玩游戏的人比较呆？》

悬念吸引式：《会喷火的皮卡丘》

以上标题目的只有一个——“吸引观众注意力，让他们变成读者！”

四、开篇

图2.62 开篇

一般常见开篇为导读段落，确切来说，除了报纸类/出版类，其他领域对于导读的划分已经并不明确了，一般常见为调用文章核心内容或观点。

文章在没有导读的情况下，第一段的内容便充当了导读的角色。谈起文章第一段的内容，常见的有照应标题、为下文作出铺垫、引出下文、揭示主题等。

那么从更深层次来说，文章的开头一定要写好，让人感觉你的文章特别真实，有继续阅读的欲望，不要让人一眼就看出这就是一篇软文。以下面两段开场为例，如何用另一种方式去抖包袱，然后收包袱，就像渔夫撒网捕鱼一样，达到另一种文章的转换作用。

1. 悬念式

首段内容为“传唐僧西天取经，历经九九八十一难，其惹祸之谈便是吃了唐僧肉，便能长生不老的传言。谁知道唐僧取经归来，却发现说出此言的竟然是……”

这是首段的一段话，利用西游记的模糊情节，埋下一个小小的悬念。读者看到之后，兴趣随之产生。

2. 感谢分享式

首段内容为“我从来没有想过玩游戏能赚钱，也没想过能赚这么多（配图结合），因为玩游戏，我女朋友和我分手了，家里人也因为我不务正业嫌弃我，曾经的我也一度想过自暴自弃，直到我遇到了××（小推广内容），我才知道自己当初在××游戏（推广内容）中浪费的时光是多么可惜……”

五、篇幅

软文篇幅不宜过长，600～1000字最佳，文章段落排版不要太长，每段5行左右为佳，注重内容图文并茂的表达。

六、内容

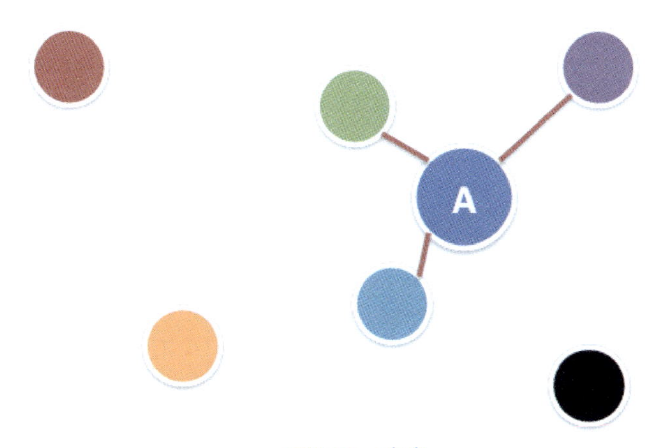

图2.63　内容

文章故事性与宣传内容的契合。故事性，即对故事起承转合的描写，表达故事的戏剧性与趣味性。就产品软文来说，一般的表达方式在于对趣味性的表达。如何让读者看了你的文章，不被宣传内容的推销所反感，反而觉得有趣。这是一门学问，也是一种写文必须拿捏的基本手段。

要知道，文章正文部分是文章的核心，任何明显的广告和推广都会让读者有不真实的感觉，即你这篇文章是造假的，是一篇没有阅读价值的YY文。因此，文章正文一定要给读者的感觉是这是一篇“真”的文章。

目前，较为常见的写作方式有以下7种。

1. 悬念式

悬念式，顾名思义，就是给文章留下悬念，激活玩家的探索欲望。通过对玩家兴趣的拿捏，将文章的宣传思路渗透，以此达到诱导式阅读的效果。例如西游段落的描写，正是运用了一个小悬念去表现。

2. 借力式

“行业内三大极具爆发力的游戏，《英雄联盟》、《地下城与勇士》、《王二蛋手游》”没人知道这《王二蛋手游》是啥，但是它和《英雄联盟》、《地下城与勇士》相提并论起来，大家对此游戏的第一印象便直线上升，并且激发你的好奇。此类借力打力的手法，在行业内运用较多，但也只是整体文章的一环细节亮点而已。

3. 故事式

这类表现手法，脑白金运用较好，通过“世界上长生不老的药”“神奇的植物胰岛素”等故事，使脑白金的“光环效应”和“神秘性”给用户带来了强烈的心理暗示。可谓是从心底催眠用户。若将此类手法放入手游软文中，则有“玩游戏能够提升智力”、“开发脑力发育的关键方法”等一系列噱头，可谓是对文章周边进行了一次精包装。

4. 情感式

说到这个，还是得谈到脑白金。不得不说脑白金对文章的把握程度和用户的理解程度，是其他产品望尘莫及的。“今年过节不收礼啊，收礼只收脑白金，孝敬爸妈！脑白金！”一句话，22个字，将中国的送礼文化和孝道文化完美融合，打造一款十几年经久不衰的产品。

如果软文可以抒情，那么情感式表达就是文字的抒情关键所在。如“女朋友跟着高富帅跑了，家里人因为我赚不到钱把我赶出家门，在清冷的街道上瑟瑟发抖，饥寒交迫，还有比这更惨的吗？有！好不容易去网吧玩个××游戏，装备还被爆了……”

5. 恐吓式

此类表达手法，多用于侧面表达！例如：“如果你看到××，就准备丢失自己最宝贵的东西吧！”看到这里，你是否会莫名其妙，是否又感到一丝担心呢？“最宝贵的东西，不外乎时间。如果有一款叫《时间守卫战》游戏……”这样的句子就变得比较有可读性了。

6. 促销式

此类表现手法多见于商城，效果较好，所以综合软文来说，可行性是较高的。我们经常在某服装店看到，“跳楼大甩卖！卖完回家过年！”“老板跑路，所有商品清仓甩！”“涨涨涨！北京房价涨幅远超珠穆朗玛峰！”等标语。此类促销式表现手法，估计各位都见了不少。但是游戏软文相对而言，就相形见绌了。如果有一篇文章写道：“降降降！游戏符石三连降，玩家商人完虐数值策划！所有低价道具面临首轮疯抢！”看到这里，估计很多还在充值线上徘徊的玩家都会咬咬牙，为了所谓的性价比，为了所谓的恶趣味、参与感而积极充值。

7. 诱惑式

“你想当产品经理吗？你想拥有100万吗？来小白学运营吧，在这里您的目标不再是幻想。”开个玩笑，小白学运营无法让你成为产品经理，但是此类文章，抓住了用户的欲望，进行诱导式勾引。犹如一个娴静脱俗、体态丰盈的美女对你进行致命的勾引。以产品来说，“你想得到至尊坐骑吗？你想成为最强王者吗？你想和游戏代言美女面对面沟通吗？”虽然此类手法在文章中用得比较烂，但是不得不说，玩家对此很受用。

上述为软文的几种常见写作手法，写得好的，软的深入人心；写得不好的，硬的让人反感。如何拿捏语言风格，如何撰写内容则要因人而异，不论你用什么手段写，无论你用什么方式写，这都只是过程。如果你最终让读者觉得这就是一篇软文，对它的内容产生不信任甚至是反感，那么这就是一个不成功的结果。

七、传播意义

图2.64　传播

对于运营经理说的，小O问道：“这样的软文是否存在传播意义？”

对此，运营经理解释到，“传播的核心在于用户对此是否感冒，也就是软文内容是否抓住了目标用户最关注的那个点，只有做到这点，用户才会有传播的欲望。在此之后，仍要注重用户的传播方式和途径是什么？如果不注重这些，软文不能得到很好的扩散，市场回报就不会太好，因为用户更易于在用户群中传播。”

那么软文应该怎么做传播呢？

首先，软文传播要有规划，传播目的要明确，确定是配合硬广做延伸传播还是塑造品牌亦或新闻造势等。明确目的之后，制定传播计划，前、中、后期内容，以及根据市场做出适当调整，监控软文效果，例如点击率、网页访问量等。知道软文的重要性之后，小O提出了一个新的问题，“既然软文这么重要，为何大部分公司在软文营销这块都没有取得好的效果呢？”这个问题让运营经理沉默了片刻。没有取得好的效果，有些归咎于运营公司并未把重心放在市场营销上，公司并不重视文案，而有些则是因为公司文案文笔一般，不够吸引人。同时用户早已经对软文开始防备、麻木，甚至是不感冒。举个最简单的例子来说，豹子的奔跑速度并未变慢，但羚羊的奔跑速度已经越来越快，随着时间的拉长，豹子原有的速度将无法捕食羚羊。

听完运营经理的话，小O陷入深深地沉思……或许这是值得思考的，因为只有在思考之后，才能找到更好的加速方法！

第3章 数据分析实战

本章为运营数据分析，内容聚焦在游戏业务分析框架，不涉及算法应用。本章对游戏数据分析的根本任务进行阐述，建立起基本的指标体系与分析框架，最后通过虚拟案例的形式陈述游戏从测试、推广到稳定运营阶段的五大数据分析任务，并提炼每个任务的业务分析框架和通用模型。

3.1 数据分析快速入门

作为一本入门级的书籍，在本书中不讨论具体算法和工具的使用，我们将重点放在游戏数据的业务分析上。范围涵盖游戏数据的基础建设、产品调优和运营优化三个环节。

笔者试图整理提炼一套在游戏分析业务中通用的思维方式和方法论，它不依赖于复杂的算法和工具，每个人都能成为一名出色的游戏分析师，并将数据意识带入到我们工作的各个环节，真正做到数据化运营、精细化运营。

全文将通过数据分析经理A的视角，跟随虚拟的NT游戏公司G项目，从项目测试到项目正式推广。通过案例的形式对游戏业务分析的方法论进行介绍。

3.1.1 什么是数据分析

关于数据分析，教科书上有很多标准定义。既然这是一本实战的书，笔者想用实际工作中的感悟对数据分析进行描述。所谓数据分析，是指根据“**业务理解**”和“**适当的数学方法**”对海量原始数据进行“**清洗**”并提取有用信息和规律，用于验证假设或发现新规律，并以简明易懂的方式“**呈现**”给使用人员。

综上所述，数据分析是一个清洗数据并呈现数据规律的过程。

3.1.2 游戏数据分析在做什么

游戏数据分析在做什么？在回答这个问题前，笔者先引入3个概念并将数据分析的任务进行简单分类。

商业结论：这里强调的不是业务理解的过程（如对用户、产品、行业规律的认知等）。而是强调结果，如“A类用户在遇到设计X时会流失”、“针对B类用户应该提高副本Y类道具的掉落”等。

信息提炼：数据分析的过程。

解决方案：针对业务理解所制定的策略或产品功能，依托于商业结论。

任何领域，数据分析的根本目的，都是在帮助业务人员得出或验证商业结论，从而制定解决方案。

当**商业结论**发生在**信息提炼**之前时，数据分析的任务是“算法建模”，即通过算法将商业结论的规律通过数据呈现出来。例如，区分游戏工作室的盈利模式、根据账号标签调整道具掉落概率等。

当**信息提炼**发生在**商业结论**之前时，数据分析的任务是“业务分析”，在这个过程中不需要涉及太多复杂的算法，其目的在于从客观数据角度，帮助业务人员理解商业过程。如“用户为什么流失、为什么停滞付费”等。

从“**算法建模**”的需求看，什么样的产品会招算法人员？**准备做长线的、有一定体量的、稳定的产品**。最常见的需求就是“推荐”，应用商店的推荐算法、视频音乐的推荐算法等。

在游戏行业，只有少数产品会招聘算法人员。因为建模的过程通常要经过繁琐的数据清洗过程，并不断根据业务理解调整策略算法，应用周期较长且不具备可复制性。而网络游戏特别是移动游戏的版本迭代较快且生命周期较短。因此，只有少数经过较长时间**稳定的**运营且保持**一定体量**的游戏产品才会需要算法人员。

从“**业务分析**”的需求看，游戏与互联网其他领域最大的不同是什么？用户在使用其他互联网产品时，绝大多数情况下获得的价值是“**内容**”（如视频、应用市场、阅读软件等）或者“**功能**”（如安全、翻译、天气等）。

在游戏产品中，用户获得的核心价值是“体验”。游戏的**商业理解**依赖于对用户心理的把握。因此游戏领域的业务分析，关键在于还原用户的游戏情境，以此帮助业务人员理解当下的用户心理。

关于“情境还原”的分析方法，我们会在下一节中具体阐述。那么，回到本节一开始的问题，游戏数据分析在做什么？根据游戏产品的生命周期进行划分。在产品稳定之前，游戏数据分析的主要任务是通过业务分析，快速响应需求，帮助策划和运营人员优化产品、运营和市场活动。在产品稳定且规模达到一定量级时，游戏数据分析的主要任务是将前期的业务理解不断抽象、提炼，通过算法形成固定模型，由产品调用并嵌入到游戏的功能之中，以及进行专项课题研究。

概括起来，可以分为以下4个部分。

基础支持：包括数据埋点的需求跟进和验收，数据仓库搭建，各类平台及运营工具搭建。

产品调优：从实际的生产流程来看，游戏产品，特别是移动游戏，一旦正式推广开始，研发的精力主要集中在各类SDK的对接、版本维护和后期内容填充上。因此，根据留存及付费分析对产品的基础数值、玩点摆放、核心体验进行优化的工作主要集中在产品测试阶段。

运营优化：产品上线之后，数据分析的主要任务集中在市场投放监控、基础运营支持，以及运营活动的规则和排期优化。

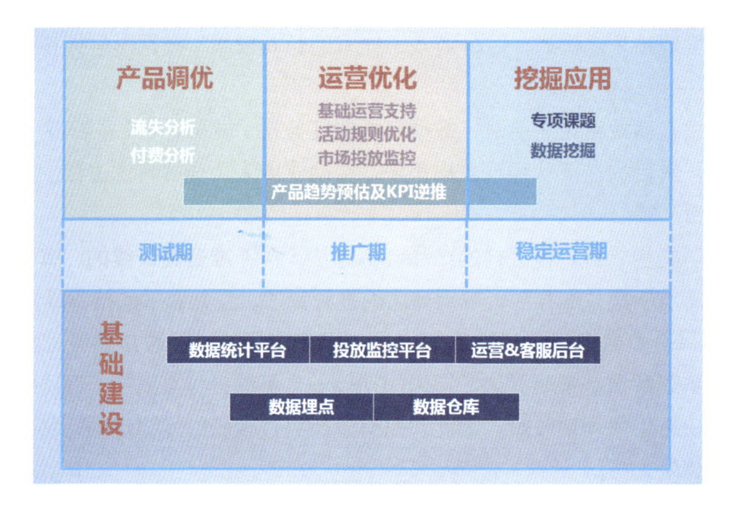

图 3.1　游戏数据分析在做什么

挖掘应用：产品在稳定运营一段时间且在线和收入规模还能稳定在一定量级时，开始涉及更多专项课题研究和一些挖掘算法，如通过分类算法给用户打标签，常应用在“防盗号”、“工作室识别”、“精准推送”、“伪随机”等。

3.1.3　何谓“情境还原”

在上一节我们说过，用户从游戏产品中获得的核心价值是“体验”。以流失问题为例，抛开因为Bug、UE及数值设计导致的流失单点峰值外，很少有用户是因为游戏的一个功能做得不好而离开的，通常是因为“**持续的负面体验累积**”造成的用户流失。我们在数据上可以发现若干等级的流失率很高，但这只是一个现象，设计人员无法通过这一现象剖析背后的流失原因。

若能够将用户请到办公室内，与设计人员进行一次推心置腹的交谈，让设计人员充分了解用户游戏的每个步骤及背后的心理状态。此时，设计人员才有办法给出针对性的解决方案或宣布自己“死刑”。

但是，这样的操作代价太大也不现实。因此，数据情境还原分析与传统数据分析“提炼”、“抽象”、“发现或验证规律”的方式不同，其核心思想在于通过“**定性**”的方式，还原“**每一个**”账号的游戏行为轨迹，就像电影片段一样，将用户的游戏过程重现在设计人员面前，通过这些特征还原用户当时游戏的状态和心理，帮助运营和策划能够“灵魂附体”（感同身受用户的感受），以此制定出对应的策略。

但是，以一款游戏几十、上百万的用户量来说，还原每一个账号的游戏行为轨迹是一件很恐怖或者近乎不可能完成的事情。好在这个世界上除了少数像EVE这样的BT游戏只有一台世界大通服外，大多数游戏还是很友好地区分了逻辑服务器。

游戏的架构，天然地将总体切分为N个极具代表性的样本。

- **“用户在一台服务器的行为规律，基本代表了用户在一款游戏中的行为规律。”**
- **“一批新增用户在一台服务器的行为规律，基本代表了用户在一台服务器中的行为规律。”**

以上两点是进行情境还原分析的前提条件，我们需要做的不是提炼规律而是通过抽样来寻找典型。

本书中介绍的游戏业务分析方法论都将以**情景还原**为基础思想进行延展。

3.1.4　游戏数据分析师的三个层次

最近跟很多业内朋友交流的时候发现以下两个有趣的现象。

1. 数据的概念在游戏行业被越炒越热，但是数据岗位在大多数公司的地位并不高，要想进入决策层更是难上加难。
2. 其他行业的数据分析精英们觉得游戏数据分析充满着浓浓的山寨气息，但当他们进入这个行业的时候却发现自己很难融入业务核心。

以至于很多一线的分析人员也开始质疑数据分析对游戏的帮助到底有多大？应该怎样去界定一个分析人员的能力？

笔者根据以往的培训和招聘经验，把游戏数据分析师分为3个层次。

Lev_1：数据解读。他们是刚入行1～2年的新人，对游戏行业数据分析相关业务有一定的理解。拥有娴熟的数据处理技巧，但是对非数据相关业务了解有限。此时，他们的工作多在满足策划和运营的需求。

Lev_2：数据应用。他们已经工作了3～5年，跟过1款以上成熟稳定阶段的产品（这样才有实践算法的机会）。除了数据本身，他们对游戏产品、运营和用户有自己的理解，可以站在制作人、产品经理的角度开始思考问题。此时，他们更多主动地发起需求，并保证数据结论能够产生落地的解决方案。

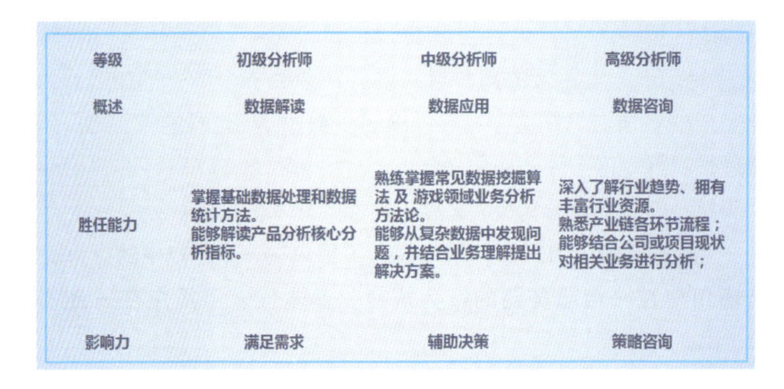

等级	初级分析师	中级分析师	高级分析师
概述	数据解读	数据应用	数据咨询
胜任能力	掌握基础数据处理和数据统计方法。 能够解读产品分析核心分析指标。	熟练掌握常见数据挖掘算法 及 游戏领域业务分析方法论。 能够从复杂数据中发现问题，并结合业务理解提出解决方案。	深入了解行业趋势、拥有丰富行业资源。 熟悉产业链各环节流程； 能够结合公司或项目现状对相关业务进行分析；
影响力	满足需求	辅助决策	策略咨询

图3.2　游戏数据分析师的三个层次

Lev_3：数据咨询。他们已经在这个领域工作5年以上，除了产品、用户以外，在发行、渠道、基金等方面也有自己的认知，深入了解行业趋势，拥有丰富的行业资源。此时，数据本身的技能已经不是最重要的，他们依靠丰富的产品阅历和多角度的情报，从“广度”上与制作人、产品经理的“深度”形成互补。

最后，再重申一下：

1. 数据分析的本质是一种意识，一种以客观事实为导向进行产品管理和客户管理的意识。
2. 数据分析师本质上是一个产品分析师，只是在分析的过程中从数据的角度进行切入而已。
3. 数据分析的价值在于数据应用，没有业务理解和对各部门作业流程的详细了解，是无法对数据做出分析和解释的，不熟悉业务的数据分析师只能称为“取数员”。

3.2　建立指标体系与分析框架

3.2.1　游戏数据分析指标入门

游戏数据分析中有很多业务指标，作为一本入门级的书籍自然要先从讲解这些指标开始，在网上我们可以搜到很多关于分析指标的定义，但是在跟很多新入行的朋友交流时，笔者发现他们面对单纯的数学公式要完全理解其中的意义还是有一定困难。

回归到业务本质，本书希望帮助大家对各类指标都能做到知其然并知其所以然。因此，笔者喜欢用经典的“水池图”来做说明。

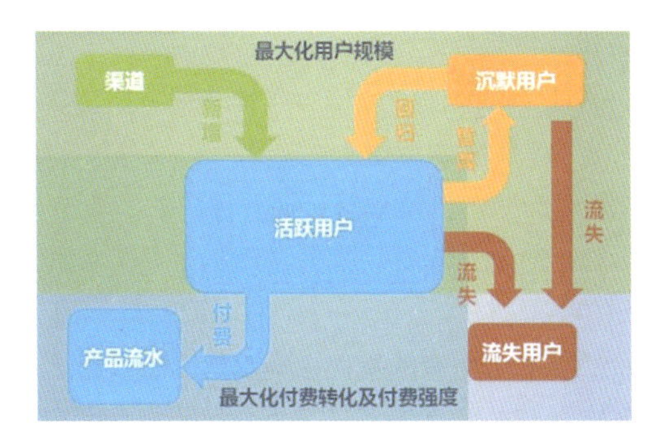

图 3.3　水池图

在游戏行业，无论我们从什么角度做数据分析，最终还是希望能够帮助我们更好地实现最终目的——赚到更多的钱。从一个通俗易懂的公式出发：

$$\text{Revenue} = \text{AU} \times \text{PUR} \times \text{ARPPU}$$

统计周期内的收入流水 = 统计周期内的活跃用户规模 × 活跃用户付费比例 × 平均每付费用户付费金额

因此，我们要做的事情是：最大化活跃用户规模，并在此规模之上最大化用户付费转化及付费强度。

■ 最大化活跃用户规模

如果我们把当前的活跃用户看做一个水池，要想提升水池内的含水量，我们可以有以下两种做法：

1. 开源，让更多的水注入，导入更多用户。拓展新渠道、增加推广费用，提高渠道导入、媒体广告导入量、自有资源与其他App换量、口碑管理、增加市场认知度和认同度，提高自然导入量等。
2. 节流，减少水池的出水量，降低用户流失。通过运营活动、版本更新，提高用户的游戏参与度（玩得更久）。通过老用户召回的活动，唤醒沉默用户（可以想象成，水池中的部分水分被蒸发，但并没有真正地离开流走，可以通过降雨的方式重新回到水池中）。

■ 最大化用户付费转化及付费强度

在维持水池水量的同时，我们可以通过各种养殖和捕捞的方式（游戏内的消费埋点、促销、充值活动等）打到更多的鱼。

当然，“价值挖掘”和“用户规模的维护”并不是完全割裂开的，过度的追求高ARPPU也有可能导致用户流失的增加，这是一个相辅相成的过程。

综上所述，我们可以把游戏运作简单地分解为3个任务：

1. **导量：**无论是直效、品宣、口碑、活动或者其他手段，它的任务是最小化用户获取成本，实现更多的新增导入（注水量和回流量）。
2. **提升活跃：**通过用户关怀、版本、活动等，提升用户的游戏参与度，减少用户流失。
3. **拉收入：**通过运营活动、版本迭代等，提升游戏的付费广度和付费深度，在既定的用户规模基础上，获得更大的收益。

既然有活干，就要有评价的标准，所有的基础指标都是用于衡量上述3类活动的结果指标。

任何一个数据指标，除了定义和公式之外，还有两个问题是大家在解读数据前必须明确的：

1. 指标的客观主体是什么？游戏数据指标中的用户的唯一标识可以是一台设备，一个账号，也可以是一个角色。本文中所有的指标说明中均以“账号”作为用户的唯一标识。
2. 数据源采集的时机是什么？以计算留存时新增用户的定义为例，根据首次打开游戏、首次登录账号中心、首次登录逻辑服务器、首次创建角色来判断“新增”的不同，留存率可能都不一样，因为从“打开游戏”→“创建角色”的过程中，已经有“用户”陆续流失。

在明确上述两个前提后，文章将分别从“导量”、“提升活跃”、“拉收入”三个方向对数据分析相关指标做进一步详解。

一、导量

从“导量”的根本任务出发，最小化用户获取成本，并保证导入用户的数量和质量。因此，在“导量”这门学科中，一共有三门课程需要考核，它们分别是“成本监控”、“产量”和“质量监控”。

首先，是成本的结算方式，现阶段有很多成本结算的专业名词，而且“长”得都很像，新人总是傻傻分不清楚。其实很简单，它们的名字都是CP X (Cost Per X),其中X就是结算的方式，常见的方式有以下4种。

1. CPS（Cost Per Sale）按销售额计费：根据网络广告所产生的直接销售数量而付费的一种定价模式可以是按销售额分成。如以下2种。

   各渠道联运：渠道商用自有流量为游戏导入用户，根据相关用户的充值流水，按照事先规定好的分成比例进行结算。

   官方商店：用户通过官方商店（AppStore、Google Play等）下载的游客户端充值后，根据充值流水按照固定的比例支付渠道费用。
2. CPT（Cost Per Time）按时长付费：在固定时间内（如：24小时）买断固定广告位。互联网媒体广告一般采用这种结算方式，如视频类、banner、弹窗等。广告主在固定时段内买断广告位，媒体不保证导入的用户量。

3. CPC（Cost Per Click）按点击付费：根据广告被点击的次数收费。关键词广告一般采用这种定价模式。
4. CPA（Cost Per Action）按行动付费：对于用户行动有特别的定义，包括形成一次交易、获得一个注册用户或者对网络广告的一次点击等。在游戏领域，“A”通常可拆解为Down（按下载付费）、Activation（按激活付费）、Register（注册）、Login（按登录付费）。联盟广告、应用墙一般采用这种结算方式。

其次，成本考核指标有了，除了更换更好的媒体资源，还有什么方法能够提高导入用户的“数量”呢？我们都会关注用户新增之后的流失行为，并通过各种数据分析来发现可能导致用户流失的原因并作相应的功能调整。其实，从用户看到广告素材开始，你的用户“流失”就已经开始了。从用户看到或得知信息开始，到用户登录游戏，曝光（看到广告）、点击（响应广告）、下载、安装、激活、注册、登录，是一个单线程的过程，每一个环节的优化都能够提升新增导入量。

以“点击→激活”环节为例，在移动端上，一般在下载完成后都会自动弹出安装提示，因此影响激活率的因素主要有：

1. 包大小、联网环境、运营商这些因素会影响用户的下载成功率。
2. 程序Bug影响客户端安装成功率。

除了优化产品自身的一些细节，提高各个环节的转化率外，对渠道各项转化率指标的长期监控，以及追踪不同渠道、媒体来源用户的后续质量（包括登录、活跃、留存、付费等），能够帮助我们快速发现渠道异常、调整广告投放策略等。

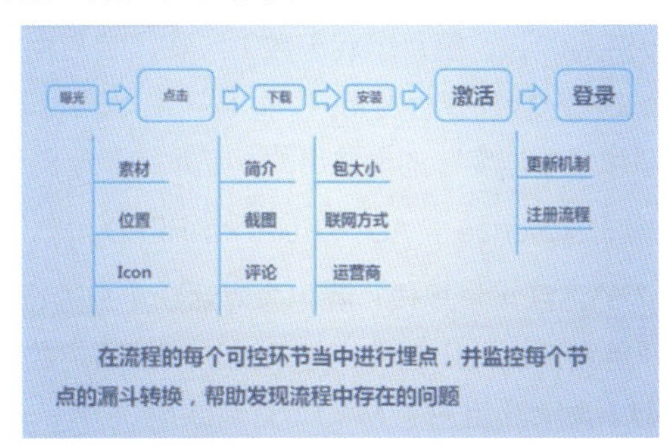

图3.4　投放各节点的优化

在这些数量指标的背后我们关注的本质是一个“转换率”。

笔者把转化率定义为：在产品设计的每个可控环节当中进行埋点，并监控每个节点的漏斗转换，用于帮助发现产品设计中的问题。

通过改善这些环节，我们可以获得更多的新增用户。

最后，光有数量是不够的，还要保证用户的质量。因此，除了通过对转换率进行监控，当某个环节数据出现异常的时候及时排查是媒体的原因，还是CP自身的原因外。在用户进入游戏后，对其后续的行为也需要做持续跟踪，用于判断用户质量。

何谓质量？回到导量的根本目的。

1. 扩大用户的基数：我们希望导入的用户能够玩的久，也就是用户的留存数据。
2. 赚钱：我们希望用户能够给我们带来收益，也就是用户的付费数据，以此来计算投资回报率。

由于涉及跨学科的知识，所以这两个指标我们会分别在“提升活跃”和“拉收入”中做解释。

综上所述，可以将“导量”相关指标分为4类：数量指标、转化率指标、质量指标和成本指标。

二、提升活跃

从“提升活跃”的根本任务出发，提升用户游戏参与度，提高用户留存，最大化用户规模。因此，在“提升活跃”这门学科中，一共有三门课程需要考核，它们分别是“规模”、“留存”和“参与度”。

首先，是活跃用户“规模”。最大化活跃用户规模可以拆解为以下两个部分。

1. 更多的人玩：除了通过增加新增导入以外，还需要延迟用户生命周期（玩得更久）也就是提高留存，再有就是对沉默用户的唤醒。
2. 更高的参与度（每日游戏时长，每月游戏天数）：在固定周期内，用户参与游戏的时间越久，我们就越有机会让用户转换为付费用户。

“规模”是提升“留存”和“参与度”的最终目的。还记得最早的公式吗?

$$\text{Revenue} = \text{AU} \times \text{PUR} \times \text{ARPPU}$$

这里的AU就是统计周期内的活跃用户规模，我们先对活跃用户进行一下定义：

AU（Active Users）活跃用户：统计周期内，登录过游戏的用户数。根据统计周期不同又划分为DAU（日活跃用户），WAU（周活跃用户）,MAU（月活跃用户）。

注释

这里的“用户”指的是游戏账号。账号是游戏账号库中的唯一标识，在单款游戏中全局唯一。

其次，来说一下“留存”，我们可以通过各种方式（活动、版本、客户关怀等）来提高留存，但是最终的考核指标只有一个“留存率”。

“留存”是最令新人头疼的事情，市面上有各种各样的留存算法，各有各的道理，但是困难的是不知道它们之间的区别到底是什么，在哪些情况下应该应用哪些算法。还是回到业务本质，我们希望考核的是什么？当前统计周期内的用户有多少人在下一个统计周期还“活着”。从这个角度出发，最简单的留存定义如下：

- **日留存率（DRR，Daily Retention Rate）：**统计当日登录过游戏，且后一日也有登录游戏的用户占统计当日活跃用户的比例。
- **周留存率（WRR，Weekly Retention Rate）：**统计当周登录过游戏，且下一周至少登录一次游戏的用户占统计当周活跃用户比例。
- **月留存率（MRR，Monthly Retention Rate）：**统计当月登录过游戏，且下一月至少登录一次游戏的用户占统计当月活跃用户比例。

简而言之，就是当前统计周期（日、周、月）内有登录游戏的用户，在下一个统计周期内还有登录过的用户，即为留存用户。所以留存率的时效性会延迟一个统计周期。

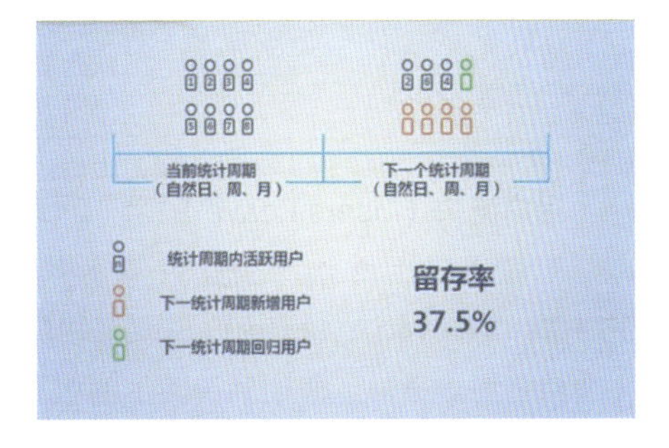

图3.5 简单留存算法示意图

关于**日留存率**业界有一个拓展定义：统计当日登录游戏的用户，在之后N日内至少登录一次游戏的用户占统计当日活跃用户比例。

为什么要做这样一个拓展定义？我们在做数据分析的时候，留存率只是告诉我们一个值，这个值本身意义不是非常大，但是流失它可以帮助我们发现游戏存在的问题。

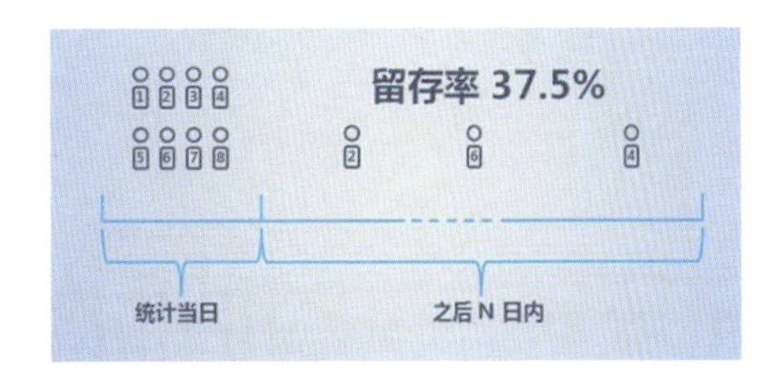

图 3.6 日留存拓展算法示意图

大多数人在做数据分析的时候，都会干一件事情，把“流失用户”的等级分布拉出来，计算一个等级流失率，观察出现流失高峰时候的用户状态，再通过状态去反推游戏设计上可能存在的问题。

这个时候就“流失”判断的精度要求就比较高，只有发现真正意义上的流失用户，再去排查他们在流失之前的行为、流失当下的属性等，才能更准确地帮助我们发现游戏内的问题。

那么，在简单的留存算法下，定义的流失会有以下两个问题。

1. 精度不高。用户在某天或某周没有登录，不代表用户“不玩”游戏，有可能只是刚好没有登录而已。

2. 在计算周、月留存的时候，对每个个体存在不公平现象。A 用户周一注册，周三，周五，周日登录后流失，B 用户周五注册，下周一再次登录后流失。那么在周留存计算中，有的人会认为B用户是周留存用户，而A用户是周流失用户。但其实A玩的时间比B更久。

拓展后的日留存定义，本质上是在尝试定义精确的流失。

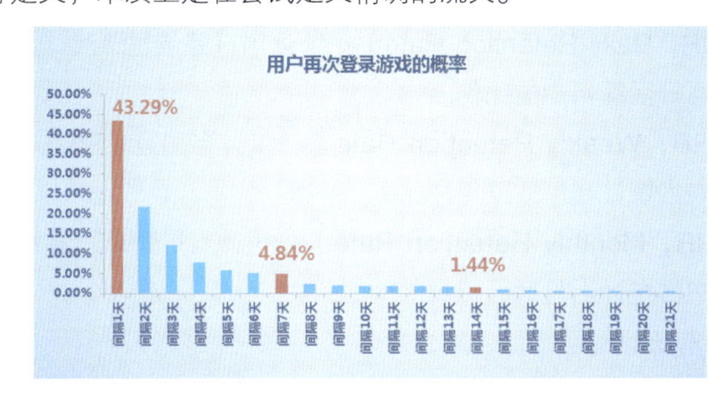

图3.7　精确定义流失

用户流失（Users Leave）： 统计日登录游戏后，在随后N日内未登录过游戏的用户。

笔者通过上百款产品登录流水数据进行计算，N=1 流失概率56.71%；N=7 流失概率95.16%；N=14 流失概率98.56%。以N=14为例，即一个账号连续14天不登录游戏，则再次登录（自然上线或通过运营活动召回）的概率不到1.44%。

在定义精确流失之后，在RPG游戏中一个经典的应用就是计算等级流失高峰。

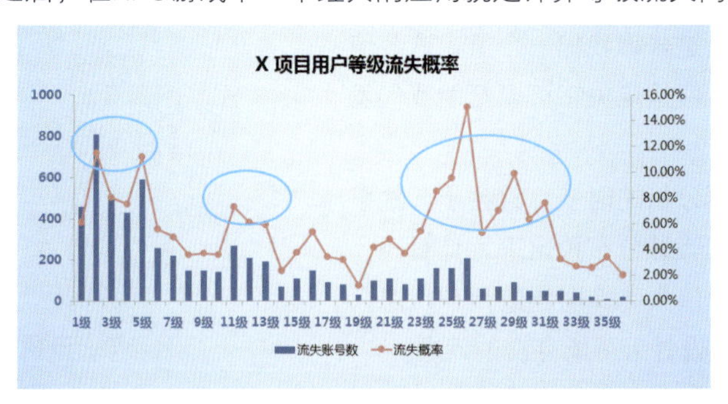

图 3.8　等级流失概率

如果只是单纯地把流失等级分布列出来，意义不大。因为必然是低等级流失的用户最多，所以通常情况下我们可以观察每个等级的流失概率。

等级流失概率：截止统计当日，某等级的流失用户数除以服务器上大于等于该等级的所有用户数。

以上留存算法都是以统计周期内的所有用户为基数进行计算的，为帮助CP、发行商和渠道商快速地判断产品的质量。针对新增用户，还有另外一套留存算法，也是页游和移动游戏中大家最常见到的新增用户N日留存。

N日留存（ACT_N，Active N_Day）：统计周期内，新增用户在注册后第N天还有登录游戏的比例。

ACT _N等于统计周期内，一批新增用户在其首次登入后第N天还有登录的用户数除以新增用户数。

统计时间	新增	次日上线数	3日上线数	4日上线数	5日上线数	6日上线数	7日上线数	14日上线数	30日上线数
2014/12/12	1713								
2014/12/11	2655	758							
2014/12/10	3170	803	497						
2014/12/9	2829	742	490	385					
2014/12/8	2894	791	558	449	331				
2014/12/7	1610	635	409	363	314	294			
2014/12/6	1724	613	413	336	295	262	242		
2014/12/5	2139	679	425	420	328	311	254		
2014/12/4	2397	798	500	403	368	311	308		
2014/12/3	2639	1001	690	559	476	464	425		

统计时间	新增	次日留存	3日留存	4日留存	5日留存	6日留存	7日留存	14日留存	30日留存
2014/12/12	1713								
2014/12/11	2655	28.55%							
2014/12/10	3170	25.33%	15.68%						
2014/12/9	2829	26.23%	17.32%	13.61%					
2014/12/8	2894	27.33%	19.28%	15.51%	11.44%				
2014/12/7	1610	39.44%	25.40%	22.55%	19.50%	18.26%			
2014/12/6	1724	35.56%	23.96%	19.49%	17.11%	15.20%	14.04%		
2014/12/5	2139	31.74%	19.87%	19.64%	15.33%	14.54%	11.87%		
2014/12/4	2397	33.29%	20.86%	16.81%	15.35%	12.97%	12.85%		
2014/12/3	2639	37.93%	26.15%	21.18%	18.04%	17.58%	16.10%		

图3.9　新增日留存算法示意图

注释

活跃度需要长期跟踪，根据需求可以设定30日、60日或90日。ACT仅针对统计周期内新增账号进行观察。

除了“留存”之外，还有一个重要指标就是“回归率”。

回归率：曾经流失，重新登录游戏的用户占流失用户的比例。回归率最经常应用的场景就是评估运营活动的效果。

公式：回归率 = 回归用户 / 流失用户池

回归用户：曾经流失，重新登录游戏的用户。

流失用户池：过去一段时间内流失的用户数。

注释

精准的回归率分母除以历史以来流失的用户总数，但是由于游戏的用户是不断累积的，因此会导致回归率越来越低，趋近于0。因此，通常以过去3个月内流失的用户作为流失用户池。

最后，是“参与度”。除了增加活跃用户的规模之外，还需要提高活跃用户的质量，即游戏参与度。在固定周期内，用户参与游戏的时间越久，登录游戏越频繁，我们就越有机会让用户转换为付费用户，从这个业务需求出发，我们通常会关心以下两个指标。

日均使用时长（AT，Daily Avg. Online Time）：活跃用户平均每日在线时长。

用户登录频率（EC，Engagement Count）：用户打开游戏客户端记为一次登录，登录频率即统计周期内平均每用户登录游戏的总次数。

“日均使用时长”和“用户登录频率”用于衡量用户的游戏参与度，游戏人气的变化趋势等。

综上所述，可以将“提升活跃”相关指标分为3类：规模衡量指标、留存率指标、参与度指标。

三、拉付费

从“拉付费”的根本任务出发，在既定的活跃用户规模下，最大化付费转化率和付费强度。因此，在“拉付费”这门学科中，有且只有一门课程需要考核，即单用户的“付费能力”。

最终的考核指标：平均每用户收入（ARPU）。

平均每用户收入（ARPU，Average Revenue Per User）：统计周期内，活跃用户对游戏产生的平均收入。对统计周期加上定义后便是日ARPU、周ARPU和月ARPU。

公式：ARPU = Revenue / AU

提升每用户的付费能力是最终的目标，为达成这个目标可以从两个方面着手，增加付费转化率，让更多人付费。让付费的用户花更多钱。因此，ARPU又可以被细化为两个指标。

付费比率（PUR，Pay User Rate）：统计周期内，付费账号数占活跃账号数的比例。一般以自然月或自然周为单位进行统计。

公式：PUR = APA / AU

平均每付费用户收入（ARPPU，Average Revenue Per Paying User）：统计周期内，付费用户对游戏产生的平均收入。

公式：ARPPU = Revenue / APA

其中，**标识活跃付费账号数（APA，Active Payment Account）：**统计周期内，成功付费的账号数（排重统计）。

基于上述原则，在做充值相关分析的时候，还可以对PUR 和 ARPPU 做进一步拆解，比如新老用户的 PUR 和 ARPPU，对 APA 的付费强度（统计周期内充值金额）进行分段统计，观察APA的结构，如大R占比，贡献率、小额充值的比重等。

在页游和游戏时代，用户的获取越来越依赖于渠道的直效导入，广告投资回报率成为各厂追求的核心指标之一。因此，衡量游戏新用户付费能力的指标日益频繁地出现在人们的视野之中，如生命周期价值（LTV）等。

生命周期价值（LTV，Lift Time Value）： 平均一个账号在其生命周期内（第一次登录游戏到最后一次登录游戏），为该游戏创造的收入总计。

公式： LTV_N = 统计周期内，一批新增用户在其首次登入后N天内产生的累计充值 / NU（New Users）

应用场景： 手机游戏数据分析中的发行指标，用于衡量渠道导入用户的回本周期，LTV_N>CPA(登录)。

从LTV的定义上可以看出，CP可以通过不同渠道导入用户的LTV_N 与 导入成本（CPL）进行比较，用于计算不同媒体投放的回本率（这个在市场推广篇已经提到）。另外，渠道商也可以通过这个指标和联运资源的成本对比，迅速判断一款产品是否值得投入联运资源。由于LTV是基于新增用户进行计算的，受大R影响比较严重。

明细数据　　导出Excel

统计时间	新增账号数	LTV_1	LTV_2	LTV_3	LTV_4	LTV_5	LTV_6	LTV_7	LTV_14	LTV_30
2014-4-17	5301	2.53								
2014-4-16	4109	1.4	2.27							
2014-4-15	5169	2.43	4.14	6.63						
2014-4-14	4167	0.96	3.82	5.15	6.86					
2014-4-13	6245	1.89	3.46	5.34	6.88	7.89				
2014-4-12	4835	1.49	2.61	3.53	4.92	5.93	7.01			
2014-4-11	3908	3.19	4.68	7.01	8.42	10.75	11.71	12.68		
2014-4-10	3345	0.99	1.83	2.95	5.07	6.95	8.03	9.12		
2014-4-9	5474	2.16	3.23	4.73	6.19	7.71	8.96	10.49		
2014-4-8	3660	1.39	3.71	5.06	7.21	9.29	10.81	11.58		

显示 1-10，共31条　　首页 上一页 1 2 3 4 下一页 尾页

图3.10　受大R影响，不同日期新增用户质量有较大差异

因此，在观察产品LTV数据的时候，通常情况下会选取一段时间的数据进行观察。在汇总计算时，如图3.11所示，计算LTV_N 时只抽取时间跨度足够的样本。

统计时间	新增账号数	当天累计充值	前2天累计充值	前3天累计充值	前4天累计充值	前5天累计充值	前6天累计充值	前7天累计充值
2014-4-19	420	689						
2014-4-18	601	355	535					
2014-4-17	1055	359	675	992				
2014-4-16	1626	3252	6146	7593	8699			
2014-4-15	347	229	253	319	423	430		
2014-4-14	378	110	215	329	431	578	578	
2014-4-13	435	2253	2271	2310	2410	2510	2510	2510
2014-4-12	359	1124	1249	1310	1310	1608	1809	2021
2014-4-11	442	168	177	186	190	190	190	194
2014-4-10	680	802	1074	1183	1292	1333	1353	1374

图 3.11　LTV_N 计算时样本选取示意图

例如，统计周期选择2014-4-10至2014-4-19，LTV_4仅通过2014-4-10至2014-4-16的数据进行计算，因为2014-4-17至2014-4-19三天的新增账号还没有第4天的数据。

另外，由于受每日新增用户的质量影响较大，有可能出现LTV_N+1小于LTV_N的情况。因此要观察LTV_N时，统计周期至少选择N +14天以上，保证每个指标都有14天以上的样本进行计算。

四、小结

以上是游戏数据分析中常见的宏观指标，本质上它们是用于衡量游戏运营成绩的结果性指标。

单纯从这些指标本身观察是没有意义的，如：产品新增次日留存为35%。这对我们的实际工作没有任何指导意义。

我们应该如何对这些结果性指标进行分析呢？答案是对比，横向和纵向的对比。

横向对比，即与行业（benchmark）的对比，与主要竞争产品的对比（知道与优等生的差距在哪里），它能够帮助我们快速定位产品问题的方向——了解是留存、新增还是付费出问题。

纵向对比，与自身历史数据做比较，用于衡量版本或活动效果（验证补习的效果）、监控异常（如考试发挥失常，迅速去查找原因）。

那么，当我们发现成绩与优等生有差距时（新增次日留存数据表现不好），我们要如何提升（产生落地解决方案）成绩呢？靠宏观指标是没有用的，这时候只能依靠以下两点：

1. 自己的聪明才智，拍脑袋、经验、借鉴竞品等。
2. 找辅导老师，我们的游戏数据分析师。

关于如何结合数据和用户研究针对游戏内的流失、付费、运营活动等常见课题进行分析，以帮助我们制定相应的运营活动和版本计划，这部分会在“业务分析篇”的案例中详细说明。

3.2.2 数据底层建设

在很多公司特别是中小创业团队，由于重视程度或执行力的问题，数据的基础建设，如：数据仓库、数据平台等比较薄弱。分析岗位的人员必须自己写脚本从FTP下载、解析LOG，或者请游服的同事帮忙提取数据后再进行分析，部分分析人员甚至只能从一些第三方数据平台赋值部分现成的数据撰写运营报表。

由于游戏业务的特殊性，即时获取明细的用户行为数据是做好游戏数据分析的前提条件，这里就涉及一套数据埋点、存储、展现、管理的基本解决方案。根据每家公司的业务不同，技术架构不同，所采用的解决方案也略有不同，本章以一家虚构的游戏公司为案例。

NT 公司是一家从事移动网络游戏研发和运营的企业，A同学受邀担任该公司的数据分析经理。A进入公司后，首先了解了公司的基本业务情况：

1. 已有两款产品在正式运营，其中一款产品在删档测试，另外几款产品在研发阶段。
2. 运营使用的是第三方的数据统计平台，但公司有意自己开发数据统计及监控平台。
3. 几款线上产品，运营和策划的个性化数据需求，主要由技术人员从游戏服务端导出，但是很多数据没有埋点，因此业务人员的很多需求无法得到验证。

在了解基本情况后，A决定先解决数据源的问题，与负责运维的人员共同确认了搭建数据仓库的技术方案。

首先，由各项目组在服务器机房内提供一台数据中转服务器（如果多个游戏在同一个机房可以共用），由运维人员编写脚本，将所有服务器的文件日志和指定游戏库定时传输到中转服务器上。

其次，由DBA编写ETL作业，定时将中转服务器上的数据源提取、转换、加载至数据仓库。

最后，通过一台数据分析服务器进行统一管理，分析服务器拥有数据仓库读取权限，数据分析人员通过各自权限登录分析服务器进行操作。

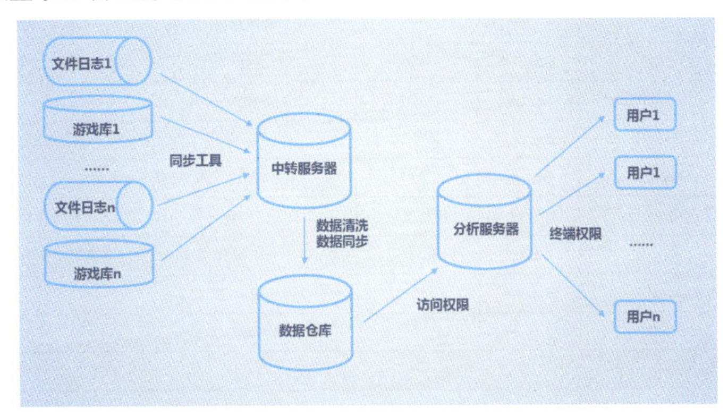

图3.12　NT公司数据仓库搭建方案

确认数据仓库的加载方案之后，还需要制定统一的日志记录的标准，方便技术人员对数据源进行提取、转换和加载。日志记录的标准包括：

【存放标准】

每天每个服务器生成一个日志文件，文件名称格式为actionlog-yyyymmdd.txt，其中yyyymmdd为日期格式。

【分割符的使用】

列之间用“;”号分隔，禁止单列内再次出现“;”号，单列内如果有多个数据，尽量用“,”号分割。

以上规定是为了数据清洗和预处理，游戏内命名规则（如，角色姓名、公会名称等）必须将约定的分隔符作为非法字符进行预判。

【通用记录格式】

日志记录时间：按标准时间记录，精确到秒，如2013-11-26 04:25:22。

服务器ID：区分不同服务器。

日志类型：每个日志对应唯一的日志类型，用于程序批量解析日志。

日志内容：内容严格按照字段顺序记录。

以上4部分严格按照顺序排列，图3.13是一个示例。

日志类型	13			
日志说明	角色在游戏内领取人民币代币时调用 包括直接充值、充值后获得道具使用后获得人民币代币等方式，但是强调的是用户主动的人民币充值行为。			
字段	字段类型	描述	范例	备注
AccountID	String	账号 ID	869527	
RoleID	String	角色 ID	102126	
ChannelCode	String	渠道 ID	6：WDJ	
Platform	Int	操作平台	1：iOS	见附录枚举表
Number	Int	代币数量	1380	单位为人民币代币
IP	String		192.168.9.221	
RMB	Int	人民币金额	50	
Msg 范例				
2013-11-27 12:20:21;game0101;13;869527;102126;91dev_4525154_042;1; 1380;192.168.9.221;50 时间;服务器 ID;ActionType;日志内容				

图 3.13　日志接入标准文档

【日志内容】

通常情况下包括两个部分，通用记录格式和个性化记录需求，由于NT 游戏公司旗下产品以移动网络游戏为主。因此，通用记录需求包括：“账号登录登出”、“人民币代币产出及消耗”、“角色升级”、“任务参与及奖励发放”、“游戏数值货币产出及消耗”、“行动力（精力、体力）相关行为”、“新手强制引导步骤”等，日志类型从001至099。

个性化记录需求根据每个产品具体设计而定，由分析人员单独提出，日志类型从100至999。同时规定了产品在各个阶段前必须完成的数据埋点，如图3.14所示。完善的数据底层是进行产品调整和数据分析的前提条件，在完成上述工作后，A开始推动各项目数据仓库搭建，并将数据埋点和数据仓库加入产品上线前运营准备工作的流程之中。

日志类型（ActionType）枚举		
日志类型	中文含义	完成时间点
10	账号登录登出	非充值测试前
11	人民币代币产出	充值测试前
……		
23	任务&活动参与	公测前
24	行动力相关行为流水	公测前

图3.14　日志类型枚举

- 【to do list】产品上线前的数据准备

1. 与项目组确认数据埋点工作，包括通用需求和个性化需求。
2. 检查数据埋点内容，确保记录格式和内容的正确性。
3. 确保相关服务器权限、机器、同步工具等已经完成。
4. 检查数据仓库加载情况，验收数据权限。

3.3　业务分析实战

游戏的数据分析具体做什么？抛开“基础运营支持”（礼包发放情况、用户信息查询、短信召回效果等执行工作）和“专项课题”（为游戏特定版本、特定功能提供的分析）外，需要长期回答的业务命题主要包括以下5个：“用户流失原因”、“用户付费动机”、“推广效果监控”、“产品收益预估”、“活动效果”。

本篇将针对上述业务命题展开探讨，并提供一套相对完整的分析框架。

3.3.1　流失分析

这是一个令无数制作人、策划、运营为之纠结的问题——“用户为什么不玩我的游戏”。本章将分为6个小节对游戏流失分析方法进行探讨。

1. 从顾客满意度模型看游戏用户流失的根本原因
2. 常见流失分析方法存在的问题
3. 基于宏观数据的流失概率模型
4. 关于微观流失分析的思考
5. 基于体验曲线的流失分析
6. 基于微观数据的数值验证

一、从顾客满意度模型看游戏用户流失的根本原因

"顾客满意度"投射在游戏领域上反应的是用户的一种心理状态，源于用户从游戏产品及其相关元素（服务、品牌形象等）中获得的"体验"与自身的期望进行比较的结果。如果实际"体验"高于用户的心理预期，则会增加用户对游戏的忠诚度（重复使用、付费、推荐等）；如果实际"体验"低于用户的心理预期，那么将逐渐降低用户对游戏的忠诚度并最终转投其他游戏产品，也就是我们常说的"用户流失"。我们在进行用户流失行为研究之前，需要先理解可能影响用户对游戏忠诚度的因素有哪些。笔者借鉴"ACSI模型"来描述这一商业过程。

■ 游戏用户满意度的结构拆解

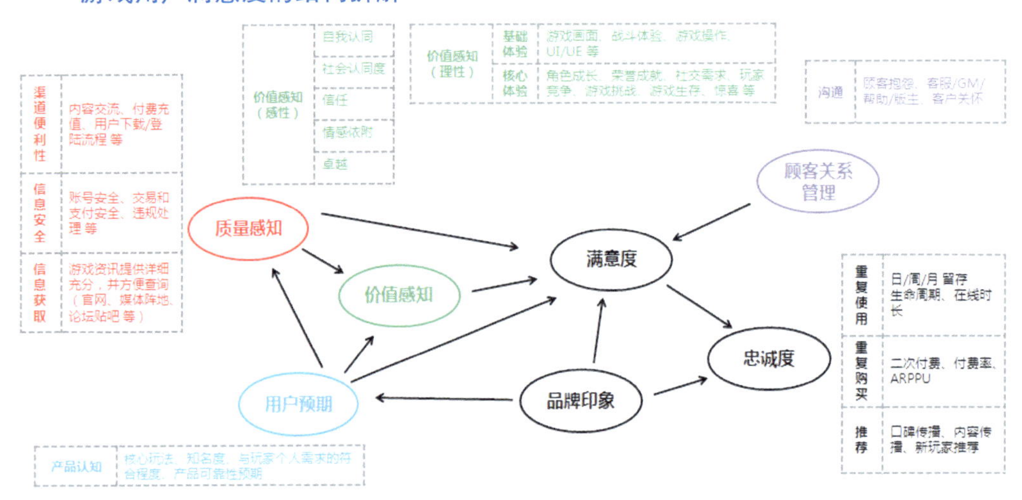

图3.15 游戏用户满意度模型

用户预期（Player Expectations）：指用户在购买和体验某款游戏产品之前，通过视频、文

字、图片等传播素材对游戏内容、质量、可靠性的估计。

感知质量（Perceived Quality）：即服务质量，关注用户 “感受到的服务质量”和最终的“服务效果”，指用户在体验游戏的过程中对游戏基础运营的满意程度，包括：信息获取的便利性、问题处理的及时性、客服服务质量、信息安全等。

感知价值（Perceived Value）：作为体验型的产品感知价值是指，用户在体验游戏的过程中所获得的“体验”与其在获取产品或服务时所付出的成本（时间成本和金钱成本）进行权衡后游戏产品的总体评价。这里的“体验”包括感性驱动因素（自我认同、社会认同、情感依附）和理性驱动因素（角色养成、技巧、竞争、社交、挑战、探索等）

顾客关怀（Customer Care）：指用户与用户，用户与官方之间的情感维系，包括VIP客户维系、短信营销、用户库的建立与维护等。

顾客满意度（Customer Satisfaction）：用户对游戏产品及相关服务的总体满意度。

顾客忠诚（Customer Loyalty）：模型最终的因变量，指用户对游戏产品的忠诚度，表现在用户在游戏产品中的持续上线、付费情况、推荐朋友加入等。

注释

ACS：科罗思咨询集团的创始人兼董事长费耐尔（Fornell）等人在瑞典顾客满意指数模式（SCSB）的基础上创建的顾客满意度指数模型。

■ 流失分析的研究范围

有做过流失原因定量调查的朋友都知道，用户不玩一款游戏的原因有很多，如朋友的离开、一次盗号、竞争失败、需要投入的时间太多、游戏内的道具太贵……广义上来讲，针对一款游戏的用户流失原因分析及产生对应的解决方案，所需要研究的范围涉及产品开发和运营工作的各个环节，包括以下内容。

市场推广：影响顾客预期、品牌形象，如产品定位、广告诉求内容等。

基础运营：影响感知服务质量，如游戏资料查询的便利性、账号安全等。

产品管理：影响感知价值，如画面表现、操作体验、角色养成数值的合理性等。

顾客管理：影响顾客关怀，如短信营销、用户问题反馈及时性等。

通常情况下，我们通过数据和用研所做的流失分析，只是针对用户“感知价值”中的理性驱动因素进行分析，包括以下内容。

游戏基础体验：UI&UE、游戏操作、战斗体验、画面表现、角色养成等。

游戏核心体验：成就体验、用户竞争、游戏技巧性、游戏惊喜、社交体验、探索体验等。

这些是狭义范围的流失分析。在这个范围内，流失分析的根本目的在于找到游戏在“用户感知价值”上存在的问题。当游戏所能带给用户的体验回报超出了用户愿意为其投入的时间成本与金钱成本之和，即构成了用户流失的根本原因。

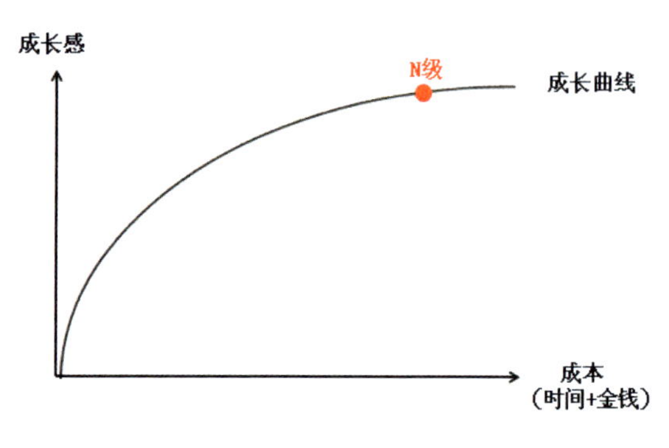

图3.16　成长曲线

如现阶段大多数卡牌游戏，能够提供给用户的体验主要在角色养成上。用户在N级流失，是因为用户成长到下一阶段（或等级）所需要付出的时间和金钱成本已经超出用户的接受范围，也就是通常情况下我们收到的用户反馈，如“养不动”、“后期的养成需要花的时间（或钱）太多”等。

单纯通过数据是无法找出具体原因并制定挽留策略的。在狭义流失分析的过程中，首先通过数据从宏观层面上发现并定位问题的范围。其次，通过数据和用户研究帮助设计人员还原用户在流失前一段时间内游戏体验的场景及心理过程。最后，结合客观事实与业务理解指定落地的解决方案。

二、常见流失分析方法存在的问题

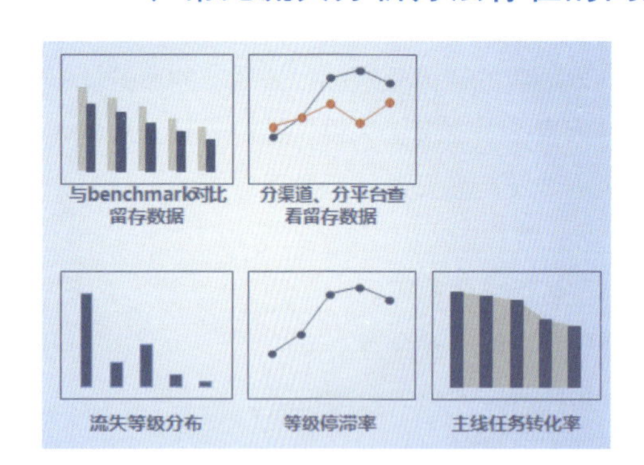

图3.17　常见流失分析方法

在A入职之前，NT公司的新项目G，已经进行了一次持续2周的单渠道非充值删档测试，项目组希望通过这次测试验证产品品质，优化前2周的留存数据，并为后续的商务工作增加筹码。

之前项目组内部做过一些简单的数据分析，项目制作人P认为对产品改进的具体工作不够大，于是找来数据分析经理A帮忙对项目的整体留存数据进行分析，并给出改进建议。

A认为，业内几种常见的分析方法，无论是将留存数据拆解为 N日留存，还是做等级分布和任务转化率，其实本质上都是希望做“流失特征”的提取，希望针对用户的流失特征来还原用户的游戏情境以帮助我们了解用户并指定挽留策略。

这些数据对于我们判断流失原因有一定的帮助，但是还不够多，不够详细，无法让运营和策划精准地定位到问题的所在和还原用户的使用场景。具体问题如下：

▪ 日留存数据分析

留存数据本身没有意义，需要通过对比才能发现问题，产品本身历史数据的纵向比较、行业benchmark的横向比较、分渠道、分平台的留存数据对比等。

通过对比，能够发现问题，如:留存是高是低，第几日留存出现问题，最近留存数据是否出现异常、筛选优质渠道等。但是没有办法产生落地的解决方案。

▪ 流失等级分布、等级通过率、等级停滞率

流失等级分布：截至统计当日，流失账号在各等级的分布比例。

等级通过率：截至统计当日，大于N级的账号数除以大于等于N级的账号数。

等级停滞率：当一个活跃用户在某个等级超过3个自然日没有任何等级提升，会记为这个等级的一次停滞，而停滞数占此等级的活跃用户数为停滞率。

三个指标都是为了定位到具体的等级峰值或者拐点，其实本质上都是在做流失特征的提取，希望针对用户的流失特征来还原用户的游戏情境，以帮助我们了解用户并制定挽留策略。

但是在实际分析过程中会遇到以下问题:

流失等级分布：1、2级的柱子一定是最高的，绝大多数流失用户都分布在前期（如，80%的流失发生在前10级），高级的流失规律容易被低等级的高柱子掩盖。

等级通过率：由于没有考虑活跃用户以及后期等级难度的问题，所以高等级的通过率并不能反映游戏中非数值设置所导致的问题。

等级停滞率：与等级通过率类似没有考虑后期升级难度的问题，同时连续3天等级未发生变化并不能代表用户流失。

▪ 主线任务转化率

根据任务漏斗，可以调整任务的易用性和难度。但是我们经常会遇到一个问题，流失等级或者任务通过率的某个高峰被削减了，结果又出现在下一个高峰上，而通常情况是出现在主线任务断档的时候。最终修改的效果，好像等级流失的曲线和任务漏斗都变得平滑了，但是次日和3日留存没有什么很大改进。

▪ 关于流失分析的思考

A认为，数据分析的意义在于能够辅助设计人员产生落地的解决方案。

宏观数据分析主要目的是通过“对比”以及“通用数据指标”，尽可能精准定位问题的“范围”。微观数据分析主要目的是通过数据、用研的手段，对用户行为进行“情境还原”帮助设计人员更好理解用户在流失前后的场景和体会用户心态。

可以从上述两个角度对G项目的现状做进一步分析。

三、基于宏观数据的流失定位模型

业内有很多留存的算法，具体的算法定义大家可以回顾一下《基础篇：游戏数据分析指标入门》。以移动网络游戏为例，在进行宏观留存分析的时候，我们可以先针对新增日留存数据与行业benchmark进行对比。为什么选择新增日留存呢?

1. 我们说过，宏观分析的意义在于对比，新增日留存是游戏业内目前最常见的质量指标，可以拿到同算法下的大量竞品数据。
2. 在进行网络游戏数据分析时，研究清楚一台服务器的生态规律，基本就可以代表所有服务器的生态规律。而研究清楚一批新增用户的行为规律，基本就可以确认所有新用户的行为规律。新增日留存反映了一批新增用户在未来一段时间内的人数衰减情况。

A首先将G项目前2周新增日留存与行业数据对比，除次日留存外，其他均低于行业均值。

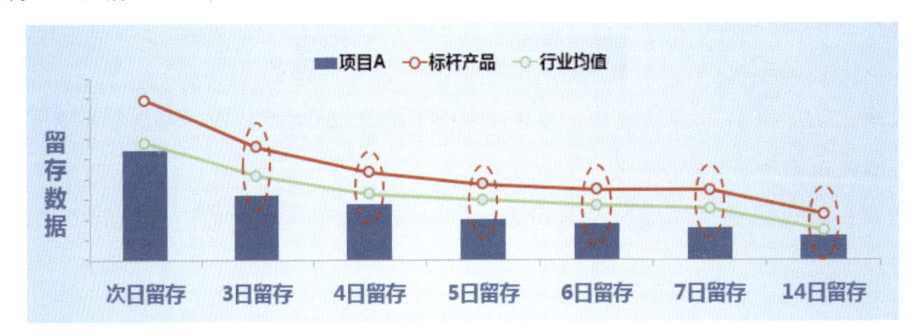

图3.18　新增日留存对比

针对漏斗型的数据，除了在绝对值上的对比外，通过衰减趋势benchmark的对比，我们可以更聚焦流失问题的范围。衰减趋势的对比是很重要的，后期留存率的绝对值低，并不一定是后期留存出了问题，游戏就会有流失，关键是衰减的速度。前期的低留存，造成的低起点会对后期的留存数据造成影响，从而影响我们的判断。通过新增日留存的衰减趋势对比，将产品的问题聚焦在前5日。

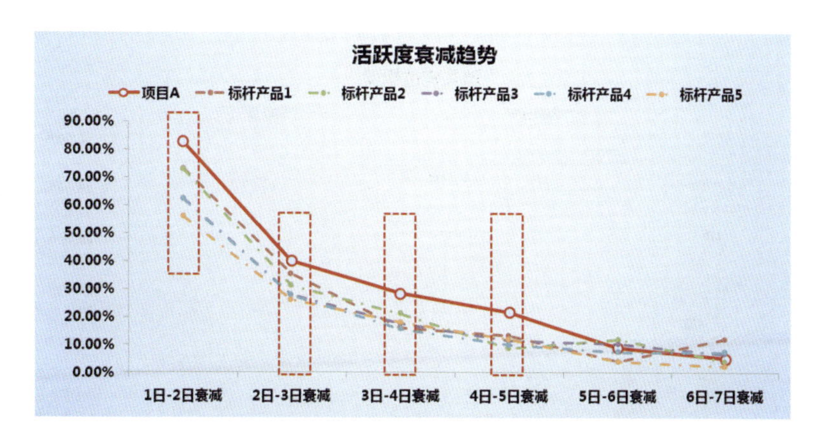

图3.19　新增日留存衰减趋势对比

此时，流失问题已经被聚焦到具体的日期范围之内，但是还不够精细，那么宏观数据还可以做什么呢？回想常见的流失分析方法，其中之一是流失等级分布。由于大多数的流失集中在低等级，所以高等级的流失问题很难通过图形展示观察出来。所以，A在流失等级分布的基础之上，引入新的指标：流失概率。

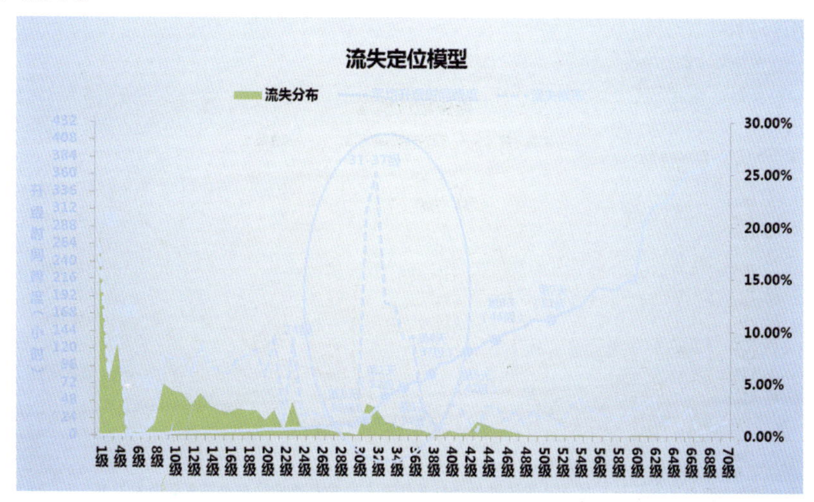

图 3.20　流失等级分布

等级流失概率等于截至统计当日，在N等级流失的用户数除以大于等于N级的用户数。

它排除低等级用户基数的问题，在业务上反应为进过N级的人中有多少停滞在N级。

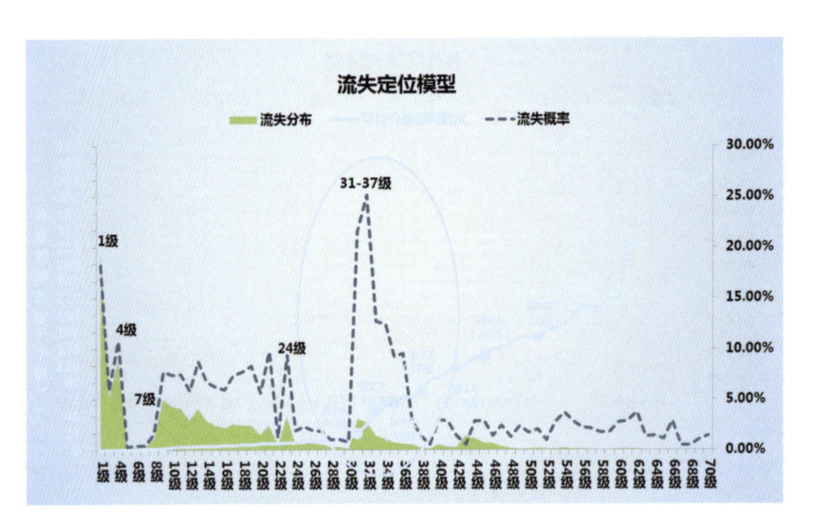

图3.21　流失分布 + 流失概率

高级别的流失峰值可以看出来了，但是还是无法想象这几个流失高峰修正后，会对产品的新增日留存造成哪些影响。再引入核心能力（G项目中指等级）的提升速度（这里的速度是自然日，而不是在游戏内的时长）。

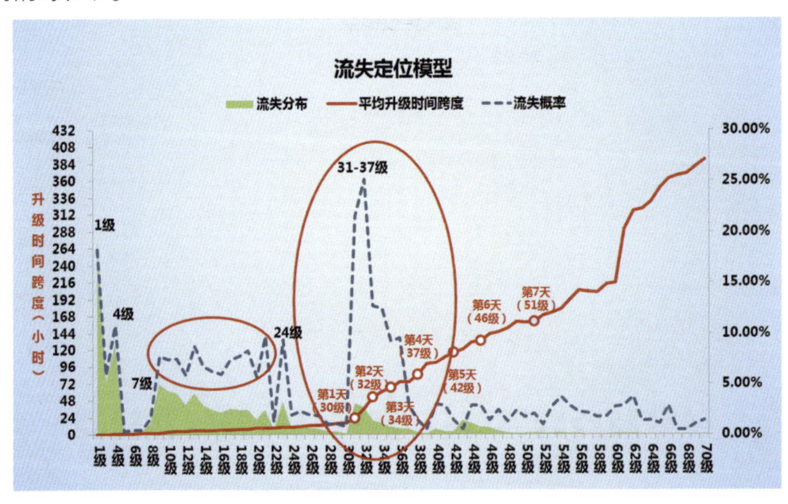

图3.22　流失定位

引入时间轴与属性的呼应后，问题就比较清晰了。

1. 游戏的流失主要集中在1～5天。
2. 在这个过程中，用户几乎全部卡在31～42级。
3. 首日有几个流失高点可能由于易用性和Bug造成，但是不是核心问题。9～21级持续的高流失概率表示游戏体验持续出现问题。

所以这个时候，G项目的流失问题就完全聚焦在首日9～21级以及次日至5日31～47级之间的用户体验。这里我们要做的第一步是定位问题，缩小我们需要观察的范围。

■ 流失定位模型

为什么把流失等级、流失概率和升级速度这些数据也归为宏观数据？其实这是一个关于流失问题分析的数据清洗和呈现方式，它可以被抽象化和提炼出来并复制应用到各个类型游戏的分析之中。

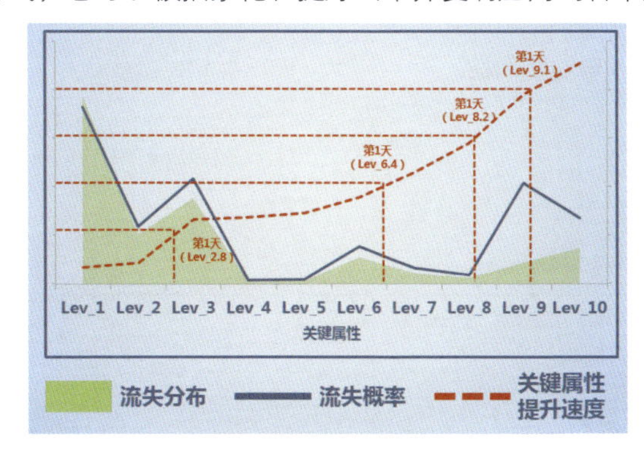

图3.23　流失定位模型

这个是抽象化后的流失定位模型，由1个前置条件和3个部分组成。

前置条件： 设定流失标准，精确定位到某个流失群体。

三个部分： 针对这群流失群体。

1. 关键属性的分布（这里可以是等级、战斗力，也可以是推图的进度，任何在游戏中不可逆向的，能够反馈用户当前所处阶段和特质的属性都可以）。
2. 关键属性的流失概率。
3. 关键属性的升级速度。

四、关于微观流失分析的思考

通过宏观数据的分析帮助我们定位流失问题的范围后，我们希望进一步找到流失用户的特征。通过这些特征还原用户当时游戏的状态和心理，帮助运营和策划能够“灵魂附体”（感同身受用户的感受），以此制定出对应的挽留策略。但是，同样是第3日，同样是40级，同样是4～5小时。每个游戏每个品类需要看的数据都不一样。这个时候，除了经验之外，有什么方法能够指导我们的分析方向呢？A同学认为最终的衡量标准是能否做到“情境还原”。A同学根据以往业务分析和用户访谈的经验，把游戏用户的流失切割为N个问题，并逐一分析（这里不包括因为题材、画面导致的硬流失）。

第1种类型：单线程阶段的流程优化

绝大多数游戏体验流程分为两个阶段，前半截是单线程的（主线、引导任务、推图），到了一定阶段之后，开始变为多线程（用户的行为开始发散）日常活动、副本、BOSS、野外PK、用户间的交互等，只是比例不同。

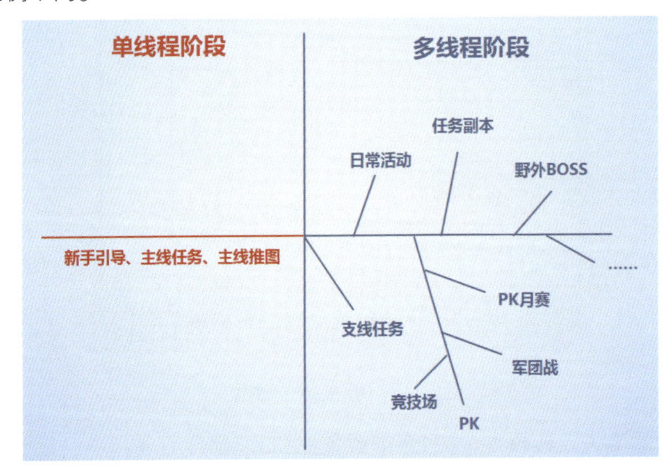

图3.24　单线程阶段示意图

这里的单线程阶段只要分为两个部分：进入游戏前和进入游戏后。

进入游戏前：打开App、更新2段包、加载资源、账号登录安全中心、关闭公告、选择服务器、创建角色等。

进入游戏后：通常情况下指“强制新手引导”阶段。

此时要做的事情非常简单，就是尽可能详细地进行数据埋点，监控漏斗中每一步的转化。这种埋点不单纯是主线任务，而是详细记录用户操作的每一步。这个阶段的数据漏斗可以很快帮助我们定位问题所在的节点，并快速进行产品优化，这是进行产品优化的第一步。但是，只能将漏斗变得平滑，让用户在游戏内的单次行为时间变得更长，并不能从本质上解决次日流失的问题。

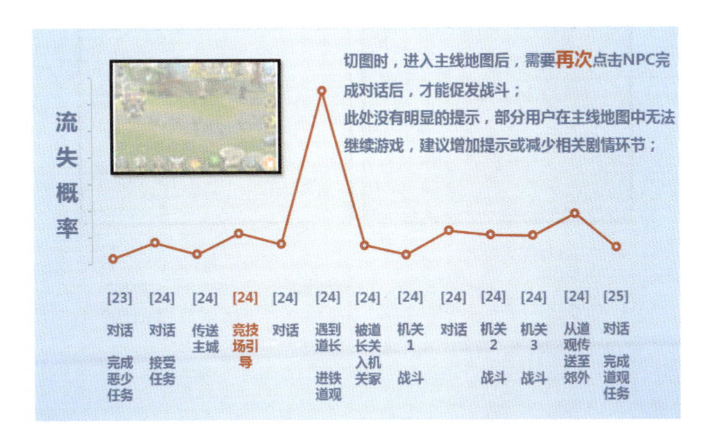

图3.25　单线程阶段尽可能详细地进行数据埋点

第2种类型：流失概率的异常高点（单峰值）

回到流失定位模型，我们可以看到在若干等级上流失概率出现异常的高点。在这种情况下，通常是Bug、数值设定和易用性问题造成的直接流失。

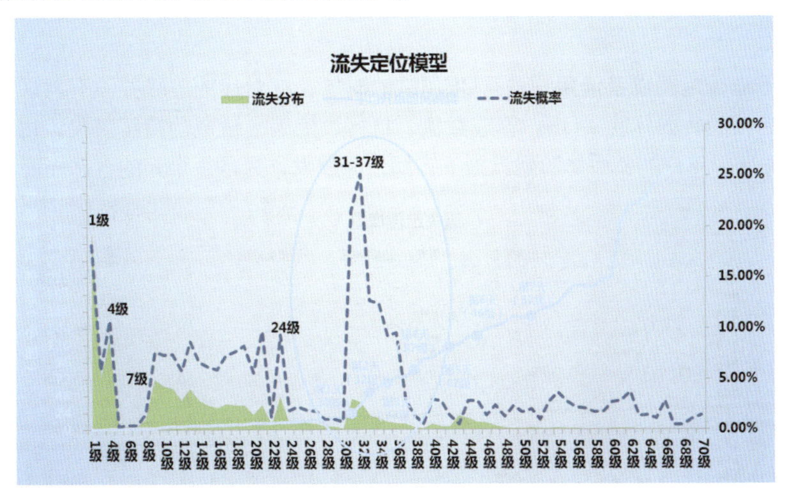

图3.26　流失概率的单点峰值

最常见的方法就是我们知道某个等级或某个任务造成流失高峰后，开发人员自己不断地跑图、跑流程，或者邀请外部的用户来帮忙做UE测试。这就是一种最典型的情境还原方式，用自己的体验和周围人的体验告诉我们，用户在这里发生了什么，以24级和33级为例：

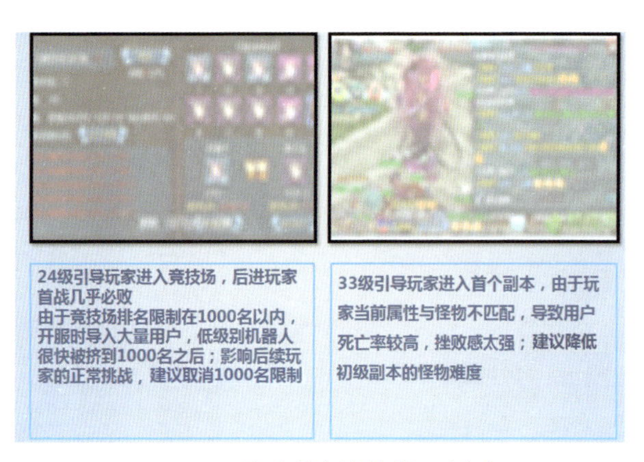

图3.27　针对单点峰值的UE测试

第3种类型：持续负面体验导致的持续性流失

在观察流失定位模型的时候，会发现这样一种规律：某一段等级的流失概率持续保持在一个较高的峰值上下波动，特别是第二天之后，很难再看到一个明细的流失单峰，基本都是持续性的流失。这里共享一个数据，通常情况下，我们会采用等级作为流失分析的关键属性，等级流失概率的低位值通常在1%～2%。

当我们自己进行跑图或者请用户进行UE测试的时候，在对应的等级并没有发现明显的流失事件。它是一种持续的负面体验（UE、养成数值、目标设定等）造成的持续流失，每个单点都不构成流失的直接原因，用户的负面体验累计到一定阈值时爆发，只是每个人的容忍程度不同。

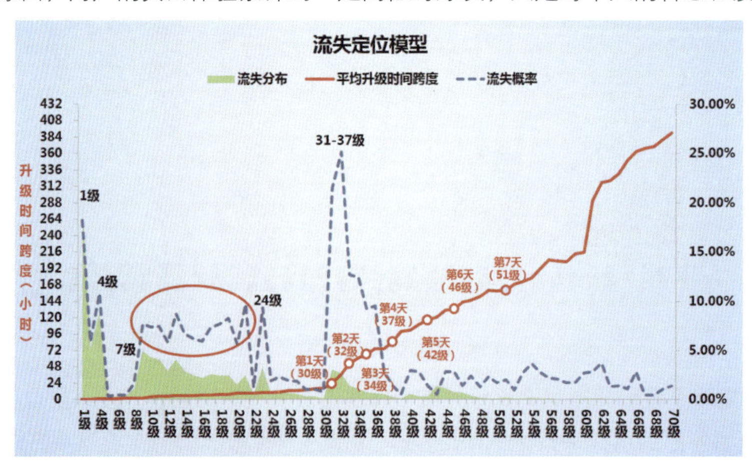

图3.28　持续负面体验造成的持续性流失

为了方便大家更好地理解这个概念，我们回到文章开头提到的客户满意度模型，游戏作为体验型的产品，用户在投入时间和金钱成本后希望获得的理想感知价值包括：角色养成、竞争、操作体验、技巧、社交、探索、挑战等。抛开“单线程优化”和“异常高点”导致的流失，“持续负面体验导致的持续流失”是游戏数据分析中最难解决的问题，由于用户的流失原因在于游戏体验，而数据本身只能展现客观规律无法直接洞察用户的心理状态。

因此微观数据分析的意义在于结合“数据”和“用研”进行情境还原（还原用户的游戏场景和体验），达到“灵魂附体”的状态，帮助设计人员洞察用户的心理状态。我们将根据这一宗旨，重点讨论两种微观流失分析的方法：“体验曲线分析法”和“数值验证法”。

五、基于体验曲线的流失分析

关于“心流理论”和“兴趣曲线”已有成熟的理论，有兴趣的读者可以自己查阅相关的资料，笔者就不在这里做详细地阐述了。简而言之，通过“技能”和“挑战”两个维度来描述用户完成交互行为时的状态。当某项交互行为需要“高技能水平”并感知到“高挑战”，且两者达到某种平衡时就会有心流的体验产生。心流产生时同时会有高度的兴奋及充实感。

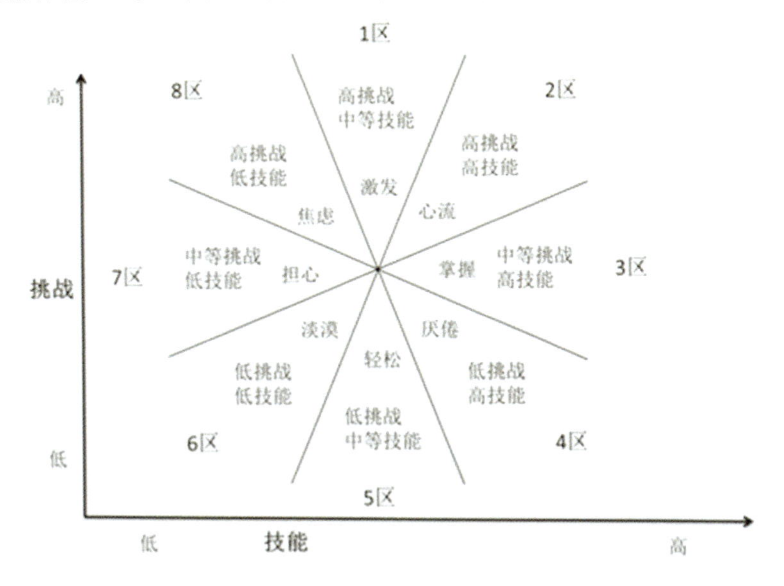

图3.29　心流理论

心理学家米哈里•齐克森米哈里（Mihaly Csikszentmihalyi）将心流（flow）定义为一种将个人

精神力完全投注在某种活动上的感觉。而电子游戏，无论是单机还是网游，作为人们生活中的一种交互行为，构成它的元素更加多元化。为了方便理解，我们将坐标轴用另外两个参数来表示。

付出成本：用户投入成本，包括时间、精力、金钱等。

回报价值：用户获得的体验，包括养成、竞争、操作体验、技巧、社交、探索、挑战等。

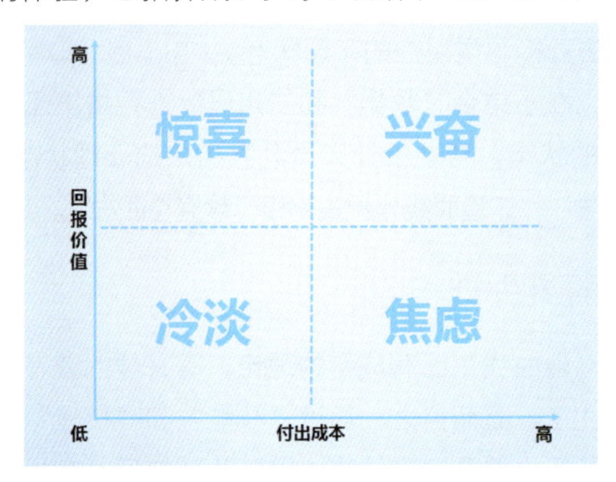

图3.30　游戏行为的两个维度

惊喜：在那个骑宠和时装还是奢侈品的年代，1级送坐骑，还能飞。

兴奋：每天完成所有日常活动，三天之后就能筹齐一套的橙装。

焦虑：纯数值养成的卡牌游戏，连续推图，游戏节奏和玩法没有任何变化，还不能跳过战斗。

冷淡：一个换皮的游戏，就已经知道将要发生的一切。

游戏流失分析的过程，就是找到用户负面体验的原因并调整游戏节奏的过程。**体验曲线，就是用于量化用户游戏体验的一种方式。**

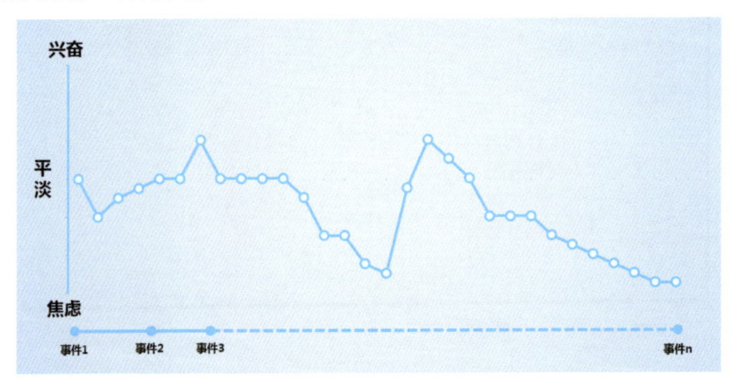

图3.31　游戏体验曲线

回到G项目，产品在9至21级之间出现持续的流失高峰，项目组成员在反复跑图的过程中并没有发现明显的Bug或引导问题。

由于此时用户进行游戏的时间较短，大约是游戏进行到10分钟到30分钟之间，因此没有太多的数据可以观测，并且主线任务和推图的分布在该阶段都很均匀。

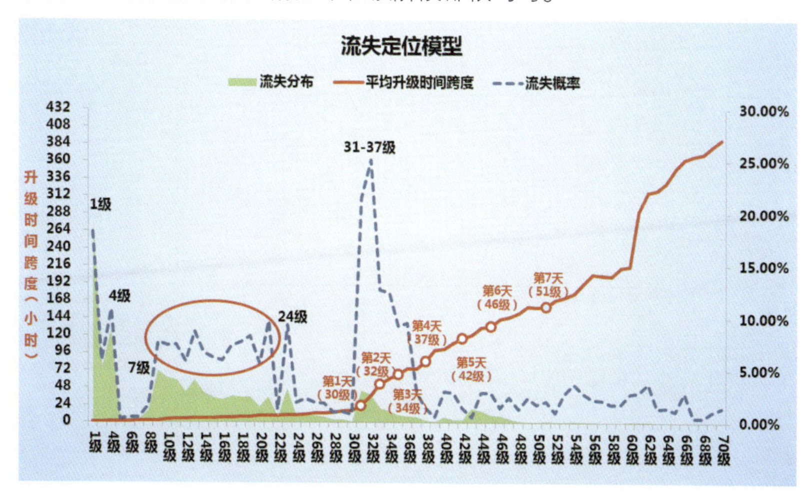

图3.32　持续负面体验造成的持续流失

A在与项目制作人P商量后，决定安排一次用户体验测试。正常情况下，应该邀请受访者来体验游戏，并穿戴上专业的脑电测量仪器，观察用户的游戏行为并记录下脑电波图波形的变化。

由于NT公司并不具备如此专业的测试环境。因此，A采用一种更具普适性的方法进行测量。

第1步：制作体验测试量初始表

首先与策划人员沟通并制作体验测试所需的初始量表。初始量表包括以下6个部分。

关键事件：策划原始设计中用于调整游戏节奏的设计点或自己在跑图过程中认为有可能导致用户体验波动的事件。原则上按照时间顺序排列。

时间：预留列，用于观测阶段记录用户达到对应事件的时间。

用户行为记录：预留列，用于观测阶段记录用户在相应事件时的反应。如，表情变化、游戏操作行为等。

用户感受描述：预留列，用于深访阶段记录用户对相应事件的评价及心理层面的描述。

评分：预留列，用于深访阶段让用户对相应事件时个人情绪进行评价，-5（非常焦虑）到5（很兴奋）。

设计初衷：隐藏列，备注策划设计初始目的，与用户实际感受做对比。

关键事件	时间	玩家行为记录	玩家感受描述	评分（-5 至 5）	设计初衷
战斗引导剧情					展示核心战斗、画面
战斗1-1					
领奖引导					
战斗1-2					
抽卡引导					
技能引导					
战斗1-3					
卡牌升星引导					
赠送VIP1					将部分便利性功能以VIP形式打包给用户，增加用户体验
战斗2-1					
开启自动战斗					
……					

图3.33　体验测试量表

第2步：确定目标用户

其次，确定目标用户群体并制定甄别条件，用于筛选测试用户。这步需要严格执行，不仅仅是针对人口属性和游戏经历进行筛选，而是要上升到体验的维度，都是卡牌游戏用户也可以再进一步细分，“追求策略、变化性的用户”、“纯粹的数值用户”、“单纯的挂机群体”等。

第3步：体验测试的观测阶段

整个测试分为两个阶段：“观测阶段”和“深度访谈”。观测阶段的主要目的在于：尽可能让用户在无干扰的情况下，自然地进行游戏体验。以此观察用户真实的游戏行为和反应。该阶段需要注意以下问题：

1. 一次进行一名用户的体验测试。
2. 除测试人员和用户外，项目组的观测人员尽量不要超过一人。
3. 在测试前与用户申明：想玩多久就玩多久，用户可以根据自己的喜好随时终止体验。在此期间，测试人员和观测人员不会与用户进行任何交互，就像平时一样正常进行游戏。

4. 在测试进行1小时（根据项目需求而定）左右时，若用户仍未主动停止游戏，可以终止测试。
5. 在观测过程中及时记录“时间”和“用户行为记录”列，并进行录屏，以便“深度访谈”阶段帮助用户回忆当时的场景。
6. 在观测过程中根据用户实际游戏情况，对初始测试量表的“关键事件”项进行补充。
7. 终止测试时记录用户的最终反馈：“主动放弃”、“表现出强烈继续体验的兴趣”、“明确表示不想再体验”、“位置可否”。

第4步：体验测试的深度访谈阶段

通过“用户行为记录”列和录屏结果，对相应事件进行深度访谈，挖掘并记录用户的体验感受。同时让用户对当下的体验进行评分。

第5步：撰写分析报告

测试报告分为两个部分，目标用户的背景描述和体验曲线。

目标用户的背景描述：同一个设计，不同用户可能会给出完全相反的反馈，因此在看体验曲线之前，必须先了解测试目标的游戏背景及特征。

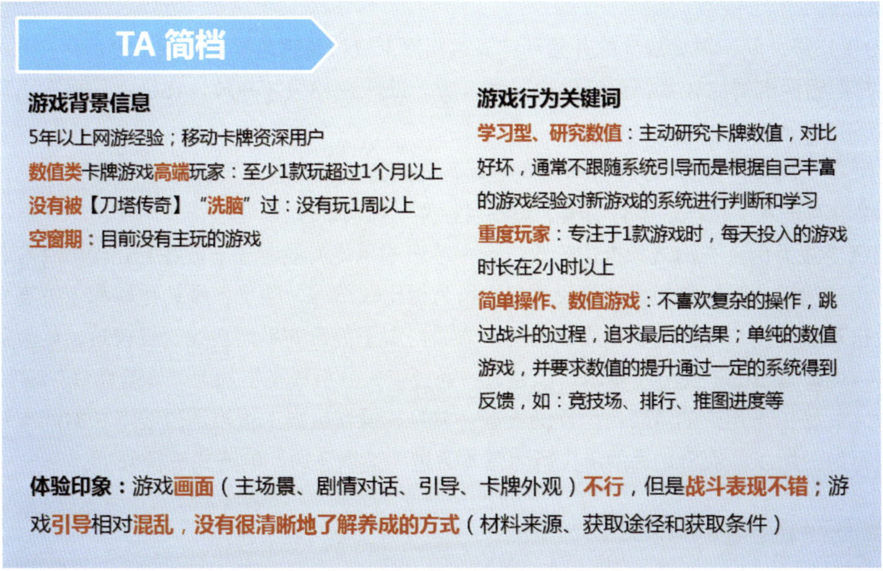

TA 简档

游戏背景信息

5年以上网游经验；移动卡牌资深用户

数值类卡牌游戏高端玩家：至少1款玩超过1个月以上

没有被【刀塔传奇】“洗脑”过：没有玩1周以上

空窗期：目前没有主玩的游戏

游戏行为关键词

学习型、研究数值：主动研究卡牌数值，对比好坏，通常不跟随系统引导而是根据自己丰富的游戏经验对新游戏的系统进行判断和学习

重度玩家：专注于1款游戏时，每天投入的游戏时长在2小时以上

简单操作、数值游戏：不喜欢复杂的操作，跳过战斗的过程，追求最后的结果；单纯的数值游戏，并要求数值的提升通过一定的系统得到反馈，如：竞技场、排行、推图进度等

体验印象：游戏画面（主场景、剧情对话、引导、卡牌外观）不行，但是战斗表现不错；游戏引导相对混乱，没有很清晰地了解养成的方式（材料来源、获取途径和获取条件）

图 3.34　TA简档

体验曲线：

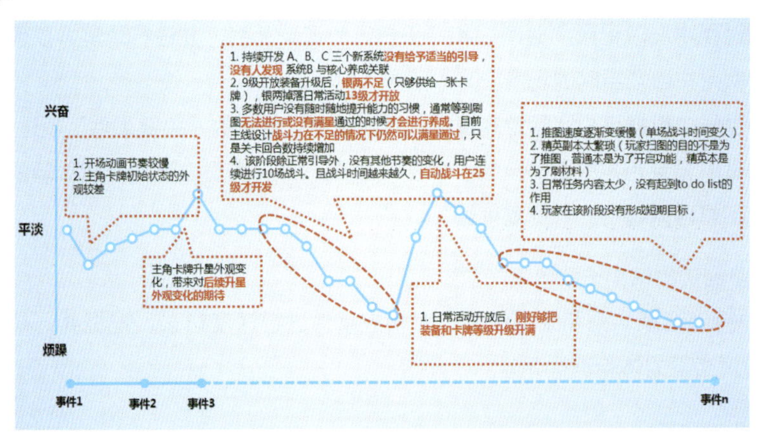

图3.35　体验曲线案例

综上所述，G项目在首日9至21级的流失原因基本可以确认：

1. 除战斗表现外，用户对创建角色后的对话界面、主界面、引导动画、卡牌等处美术接受度较低。
2. 9～13级之间，单场战斗的开始到结算过程逐渐变得越来越繁琐，逐渐消磨用户耐心。
3. 前期银两卡得比较紧，只够供给一张卡牌，试炼在13级才开放，15级之后再次出现银两不够的情况。
4. 用户在1小时内无法形成短期游戏目标，养成方式及材料获取方式的引导不足，让用户始终没有进入“状态”（有明确的短期目标并明白实现过程）。

以网络游戏为例，在测试和推广阶段，用户首日的平均游戏时长一般在1.5至2小时左右。一方面，由于用户的游戏时间较短，该阶段的用户行为也比较单一，除了各种转化率和流失高之外，从纯数据上很难找到用户流失的真正原因。另一方面，由于首日的平均在线时长较短，体验测试基本可以覆盖，因此首日的流失分析基本可以通过“通过流失分析模型”加上“体验曲线”来完成。

次日之后，由于用户的游戏行为逐渐发散，并且在操作层面上很难通过线下长时间跟踪用户的自然游戏行为。所以，次日之后的流失行为基本通过“情境还原”的方式进行分析。

六、基于情境还原的流失分析

在开篇中，我们提到数据分析的一个重要职责是“呈现”，即以简明易懂的方式将数据呈现给使用人员。

抽取什么样的维度，以何种方式进行“呈现”还原的情境是很关键的问题。它没有固定的规律，视具体的游戏类型而定。用户在不同类型的游戏、不同时间轴上所侧重的体验是不同的。

回到G项目，G项目是传统的移动3D卡牌网游，因此我们以“泛角色扮演”类游戏为例。这里之所以用“泛”是因为它包含了，即时制角色扮演、回合制角色扮演、横板动作、策略卡牌等游戏类型，本质上都是角色养成游戏。

在“泛角色扮演”类游戏中，在进入游戏后，用户的体验可以分为几个不同的阶段。

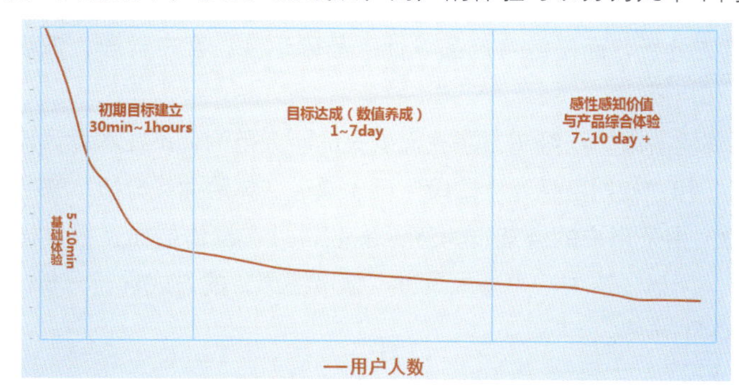

图3.36　“泛角色扮演”类游戏用户体验管理的N个阶段

【基础体验阶段】

抛开“朋友介绍”、“IP”等先入优势外，用户在刚进入游戏的5~10分钟内，通过“画面表现”、“操作体验”、“UI&UE”等迅速判断游戏是否值得继续体验。在游戏大规模推广时，20%~30%的用户在这个阶段因为基础体验而流失。

【初期目标建立阶段】

依然要抛开“朋友介绍”、“IP”等先入优势，在基础体验过关以后，用户开始建立自己在游戏内的初期目标。这种目标很简单，可以是“筹齐5张金卡”、“获得更高竞技场排名”、“练到某级看看系统的某个功能，比如国战”，并在接下来的1小时左右的时间里熟悉游戏系统和养成方式。是否建立第一个目标和进入养成节奏（知道如何达到并确认自己可以达到）是用户第二天是否上线的关键。在游戏大规模推广时，30%~70%的用户在这个阶段流失。

【基础养成阶段】

在进入养成节奏后，用户的每日游戏行为开始呈现一定的规律。由于现阶段的“泛角色扮演”类游戏给用户带来的体验无论是PK、PVE挑战，还是社交、探索、搜集，主要还是建立在角色养成的基础之上。

“角色养成”是贯穿游戏前期的基础体验，用户是否流失很大程度上取决于用户在角色养成上的感知价值（用户投入的时间和金钱成本，与其获得的养成体验之间的差值），当感知价值不足时，用户开始慢慢淡出游戏，该阶段根据游戏和用户类型的不同，可能持续1～10天。

【泛产品体验阶段】

在7～10天后，还上线的用户，此时用户在游戏中的体验不再仅局限在产品功能范围，还包括感性感知价值（社会认同、情感依附）、产品服务（基础运营工作、客户关怀）等。这个时候流失分析不再是狭义的流失分析，而是综合产品设计、基础运营、客户管理、市场营销的广义流失分析，不再拘泥于数据和用研。

其中，“泛产品体验阶段”已经超出了狭义流失的研究范围，不在本章讨论。

“基础体验阶段”和“初期目标建立阶段”可以通过“体验曲线分析”来寻找流失原因。

“基础养成阶段”由于用户的游戏行为逐渐发散，且在操作层面上很难通过线下长时间跟踪用户的自然游戏行为。所以，流失行为基本通过“情境还原”的方式进行分析。分析过程基本遵循“宏观→微观→宏观”的步骤。

第1步：抽样制作流失概率模型，宏观上把握流失规律

选取G项目测试1服，前2日导入的新增用户作为样本，制作流失概率模型。确定主要观察样本为31~37级流失账号。通过服务器和新增批次的筛选，加上大多数的账号的流失时间在新增当日，因此3日后的流失账号与等级交叉后，样本量并不大。通常可以控制在50个账号以内，这是进行微观行为分析的前提。

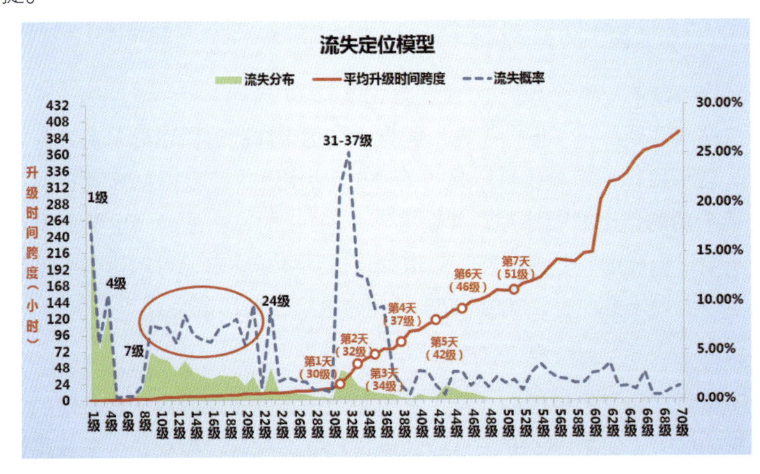

图3.37　持续负面体验造成的持续流失

第2步：抽取特定样本，从微观上观察用户行为数据，并找出可能导致用户流失的原因

首先，拆解游戏基础养成数值，并观察“样本”养成数值构成变化。抽取某特定等级流失账号，观察首次登录至最后一次登录期间，关键参数及养成数值构成的变化。以G项目为例，A同学选取等级、VIP、数值货币存点、在线时长、战斗力等作为关键属性，并将战斗力拆解为卡牌等级、卡牌星级等8项进行观察。根据数值策划的理论曲线，分别从“充值额度”、“登录时长”、“角色等级”进行过滤，筛选样本进行观察。

某登录4日、最后等级停留在33级的非充值流失账号，状态如下：

角色关键属性									
统计日期	等级	最后登录日期	在线时长（H）	充值金额	元宝存点	银两存点	神力存点	VIP	战斗力
16	29	15	2.26	0	421	185861	75208	0	10242
17	31	16	1.93	0	511	90860	108877	0	18715
18	33	17	2.2	0	150	7933	85566	1	20312
19	33	18	0.15	0	265	10621	100506	1	20549

战斗力构成及变化									
统计日期	战斗力构成	卡牌等级	卡牌星级	卡牌缘分	卡牌技能	装备等级	装备进阶	装备宝石	其他
16	10242	5652	1253	0	221	2356	0	0	760
17	18715	6354	3265	0	1233	4456	1223	1250	934
18	20312	6586	3562	0	1268	4782	1223	1923	968
19	20549	6586	3562	0	1268	4782	1256	1923	1172

图3.38　用户关键属性简档

通过表格观察该用户在流失前的状态：

1. 前3天的在线时长相对稳定，第4天突然流失。
2. 第3天战斗力提升开始变慢，银两的存量明细减少。
3. 第3天战斗力的提升主要来自于装备宝石，其他途径的提升均出现瓶颈。

其次，将实际养成数值与理论数值进行比较，并调取“样本”相关节点的行为流水。根据数值策划的理论曲线，在线时长6小时（平均每日登录时长2小时，登录第3日），理论等级34.5，战斗力22000。其中，装备等级加战可以到6500，进阶加战可以到2500。

用户在装备等级和进阶上低于理论数值。此时，需要进一步验证导致偏差的原因：

1. 游戏实际产出低于预期值。
2. 由于在线时长或引导等原因，导致用户实际游戏行为与预期出现偏差。

观测用户在差异时间段内的行为流水，包括游戏行为（主线、日常副本等）、行动力（体力、精力等）消耗相关行为、养成行为（装备、角色、技能、宠物等）。计算数值货币，包括元宝、金币、勋章、荣誉等产出及消耗。

登录第3日						
行为日期	行为类型	行为备注	剩余元宝	剩余银两	剩余神力	货币进销
12:48:14	登录		827	106660	114277	
12:49:10	神力产出	成就奖励	827	106660	119277	5000
12:49:31	银两产出	副本掉落基础银两	827	106960	119277	300
12:49:31	神力产出	副本掉落vip加成神力	827	106960	119289	12
12:49:31	神力产出	副本掉落基础神力	827	106960	119589	300
12:49:31	打关卡93	胜	827	106960	119589	6
12:49:31	银两产出	副本掉落vip加成神力	827	106972	119589	12
12:50:35	银两产出	完成任务奖励	827	116972	119589	10000
12:50:35	完成任务17		827	116972	119589	
12:53:11	神力产出	副本掉落vip加成神力	832	127584	119913	12
12:53:11	神力产出	副本掉落基础神力	832	127584	120213	300
12:53:11	银两产出	副本掉落vip加成神力	832	127596	120213	12
12:54:20	完成任务18		832	127596	120213	
12:54:20	神力产出	完成任务奖励	832	127596	122713	2500
12:54:53	银两消耗	装备进阶	832	126094	122713	-1502
12:54:53	银两消耗	装备强化	832	124613	122713	-1481
12:54:53	银两消耗	装备强化	832	123154	122713	-1459
12:54:54	银两消耗	装备强化	832	119913	122713	-3241
…………						
13:17:15	完成任务206		872	23164	134859	
13:17:15	神力产出	完成任务奖励	872	23164	144859	10000
13:17:49	打关卡121	胜	872	23164	144859	6
13:17:49	银两产出	副本掉落vip加成神力	872	23176	144859	12
13:17:49	银两产出	副本掉落基础银两	872	23476	144859	300
13:17:49	神力产出	副本掉落vip加成神力	872	23476	144871	12
13:17:49	神力产出	副本掉落基础神力	872	23476	145171	300
13:18:52	完成任务21		872	23476	145171	
13:18:52	神力产出	完成任务奖励	872	23476	155171	10000
14:01:02	登出		872	23476	155171	

图3.39 用户行为流水

该用户在登录第2日和第3日参加的都是简单银两日常，产出的银两不足以支撑用户在装备养成上的消耗。30级，1.8W战斗力，在数值设计上已经可以参加中级难度的银两日常。银两的产出是初级日常的三倍，足够支撑用户前3日的银两消耗。

经过初步分析认为，由于银两日常副本没有难度衡量（战斗力门槛）提示，用户没有按设计期望在第二天（30）时便参与中级副本，导致用户银两不足。虽然其他材料充足但是无法进行装备进阶和升级。战斗力未达到该等级正常水平。

用户在下午4点和5点分别尝试主线推图失败后，登出游戏。

第3日							
行为日期	行为类型	行为备注	剩余元宝	剩余银两	剩余神力	货币进销
12:52:06	银两消耗	装备强化	832	32460	122713	-1481
12:52:06	银两消耗	装备强化	832	30958	122713	-1502
12:52:06	银两消耗	装备强化	832	27717	122713	-3241
12:53:24	打关卡20301	胜	832	4668	122713	6
12:53:24	银两产出	副本掉落vip加成银两	832	7668	122713	3000
12:53:24	银两产出	副本掉落基础银两	832	17668	122713	10000
12:55:12	打关卡20301	胜	832	17668	122713	6
12:55:12	银两产出	副本掉落vip加成银两	832	20668	122713	3000
12:55:12	银两产出	副本掉落基础银两	832	30668	122713	10000
12:55:12	扫荡93		832	30668	122713	6
12:55:13	扫荡93		832	30668	122713	6
12:55:13	银两产出	副本掉落基础银两	832	30968	122713	300
12:55:13	神力产出	副本掉落vip加成神力	832	30968	122725	12
12:55:13	神力产出	副本掉落基础神力	832	30968	123025	300
12:55:13	银两产出	副本掉落vip加成神力	832	30980	123025	12
12:55:13	银两消耗	装备进阶	832	29478	123025	-1502
12:55:12	银两消耗	装备进阶	832	26237	123025	-3241
12:55:12	银两消耗	装备进阶	832	24778	123025	-1459
12:55:12	银两消耗	装备进阶	832	23297	123025	-1481
12:55:29	银两消耗	装备进阶	832	21795	123025	-1502
12:55:29	银两消耗	装备进阶	832	18554	123025	-3241
12:55:29	银两消耗	装备进阶	832	17095	123025	-1459
12:56:59	银两消耗	装备强化	832	15614	123025	-1481
12:56:59	银两消耗	装备强化	832	14112	123025	-1502
12:56:59	银两消耗	装备强化	832	10871	123025	-3241
12:57:29	银两消耗	装备强化	832	9390	123025	-1481
12:57:39	银两消耗	装备强化	832	7931	123025	-1459
12:57:39	银两消耗	装备强化	832	6450	123025	-1481
12:57:39	银两消耗	装备强化	832	4948	123025	-1502
12:57:39	银两消耗	装备强化	832	1707	123025	-3241
12:57:39	银两消耗	装备强化	832	248	123025	-1459
12:58:00	卡牌升星	3	832	248	123025	
12:58:41	银两产出	成就奖励	832	3248	123025	3000

……

第3日						
行为日期	行为类型	行为备注	剩余元宝	剩余银两	剩余神力	货币进销
16:45:47	银两消耗	装备强化	832	248	123025	-1459
16:45:47	卡牌升星	3	832	248	123025	
16:46:47	银两产出	成就奖励	832	3248	123025	3000
16:47:36	银两产出	副本掉落基础银两	832	3548	123025	300
16:47:56	打关卡96	败	832	3548	123025	6

第3日						
行为日期	行为类型	行为备注	剩余元宝	剩余银两	剩余神力	货币进销
17:04:30	神力产出	成就奖励	140	2889	60254	
17:04:58	神力产出	pvp战斗获得神力	140	2889	62754	
17:04:58	掠夺	胜43	140	2889	62754	
17:05:39	掠夺	胜43	140	2889	62754	
17:04:09	神力消耗	升级卡牌	140	2889	56416	-6338
17:04:09	神力消耗	升级卡牌	140	2889	50462	-5954
17:04:09	神力消耗	升级卡牌	140	2889	44880	-5582
17:04:09	神力消耗	升级卡牌	140	2889	39658	-5222
17:04:11	神力消耗	升级卡牌	140	2889	34076	-5582
17:04:11	神力消耗	升级卡牌	140	2889	28854	-5222
17:13:38	星图点亮11		140	2889	28854	
17:13:40	星图升级11		140	2889	28854	
17:13:43	星图升级11		140	2889	28854	
17:04:12	打关卡96	败	140	2889	28854	6
17:13:56	卡牌升星	5	140	2889	28854	
17:14:21	登出		140	2889	28854	

图3.40 用户行为流水案例

第3步：总结用户流失的数据规律，并通过数据计算各类流失原因占比

先通过“养成数值拆解”、“行为流失”结合业务理解，从感性的层面上总结用户的流失原因。再通过数据规律对不同的流失原因进行定量。

目标群体：	无充值行为、流失时间在首次登录后的3至5日、等级停留在31至37级		
流失贡献：	占2日以上流失用户27.25 %		
流失原因	数据表现	角色数	占比
游戏玩点本身导致用户自然流失，用户在自我数值养成、PVP、PVE方面均没有出现瓶颈，在连续N天长时间在线后，突然流失；	未参与日常银两缺口	17	33.33%
银两日常副本的提示不足，银两的缺口一方面造成用户战斗力提升出现瓶颈，遇到主线推图上的门槛另一方面低VIP等级在前期通过元宝兑换银两的性价比很低，一定程度上加深用户的负面体验；	扫荡成为主要游戏行为，在线时长下降	9	17.65%
游戏的“扫荡”功能零门槛，34级之后用户的游戏行为进入“扫荡->刷材料->买体力->扫荡”的简单循环，用户每日在线，时长显著下降，由每日1.5-2小时，降低至不足0.5小时；由于内容的缺失导致用户流失	最后停留关卡日常活动参与	8	15.69%
36级左右卡在主线副本5-3，设计上有一个门槛，非充值用户需要连续2天完成所有活动才有可能通关，部分用户在这个阶段流失	远征副本通关情况	4	7.84%
“远征”类玩法随机匹配概率有问题，部分用户连续3`4天没有打过第三关	未出现任何瓶颈	13	25.49%
未发现明显特征			

图3.41　用户流失原因

G项目，31~37级非充值用户的流失原因主要为：

1. 游戏玩点本身导致用户自然流失，用户在自我数值养成、PVP、PVE方面均没有出现瓶颈，在连续N天长时间在线后，突然流失。
2. 银两日常副本的提示不足，银两的缺口一方面造成用户战斗力提升出现瓶颈，遇到主线推图上的门槛另一方面低VIP等级在前期通过元宝兑换银两的性价比很低，一定程度上加深用户的负面体验。
3. 游戏的“扫荡”功能零门槛，34级之后用户的游戏行为进入“扫荡→刷材料→买体力→扫荡”的简单循环，用户每日在线时长显著下降，由每日1.5~2小时，降低至不足0.5小时，由于内容的缺失导致用户流失。
4. “远征”类玩法随机匹配概率有问题，部分用户连续3～4天没有打过第三关。

七、小结

本节通过案例的形式，对游戏流失分析的方法论进行介绍，笔者希望能传递给大家的思想包括：

1. 在研究用户流失问题的时候，不要仅仅局限于产品功能，局限于用户进入游戏之后。从基础运营、顾客沟通、市场营销、产品功能等方方面面都有可能是导致用户流失的原因。

2. 游戏的流失分析不仅仅是“流失分布”、“任务漏斗”，这些只是简单的数据统计，现象描述。它们很难帮助设计人员产出落地的解决方案，在做分析时学会从设计人员的思维角度出发。以游戏情境的还原，帮助设计人员理解用户的心理。
3. 在测试阶段，我们尝试从游戏机制上寻求解决方案。在正式推广阶段，我们尝试从运营活动上寻求解决方案。

- 【to do list】流失分析的准备工作

1. 确保与游戏业务相关的用户行为均已记录在通用或个性化需求日志中。常见的行为记录包括：游戏行为（主线、日常副本等）、行动力（体力、精力等）消耗相关行为、养成行为（装备、角色、技能、宠物等）、货币进销相关行为（代币产出及消耗等）。
2. 提前与策划，特别是系统策划确认游戏的核心成长数值及用户目标管理。熟悉产品和策划原始设计，为后续业务分析做好准备。

3.3.2　付费分析

付费分析覆盖的周期比较广，本章重点讨论在产品测试阶段，针对游戏固有设计的优化。本章将分为3个小节对游戏流失分析方法进行探讨：

1. 从购买决策看用户付费的根本原因。
2. 基于宏观数据定位游戏付费存在的问题。
3. 基于情境还原的消费动机分析。

一、从购买决策看用户付费的根本原因

笔者一直保持每周至少与三名游戏玩家进行深度沟通的习惯，其中一个固定的话题便是付费动机，尝试构建理解玩家付费动机的分析框架。最后决定以消费者购买决策理论为基础，对游戏玩家的付费行为过程进行描述。

- 游戏用户付费决策过程

购买决策是指消费者谨慎地评价某一产品、品牌或服务的属性并进行选择、购买能满足某一特定需要的产品的过程。

消费者购买决策理论将其定义为：消费者为了满足某种需求，在一定的购买动机的支配下，在可供选择的两个或者两个以上的购买方案中，经过分析、评价、选择并且实施最佳的购买方案，以及购后评价的活动过程，包括需求的确定、购买动机的形成、购买方案的抉择和实施、购后评价等环节。

在游戏业务中，笔者将这一过程拆解为三个阶段：**游戏内的需求产生和购买决策阶段、现金支付阶段、消费后的评价阶段。**

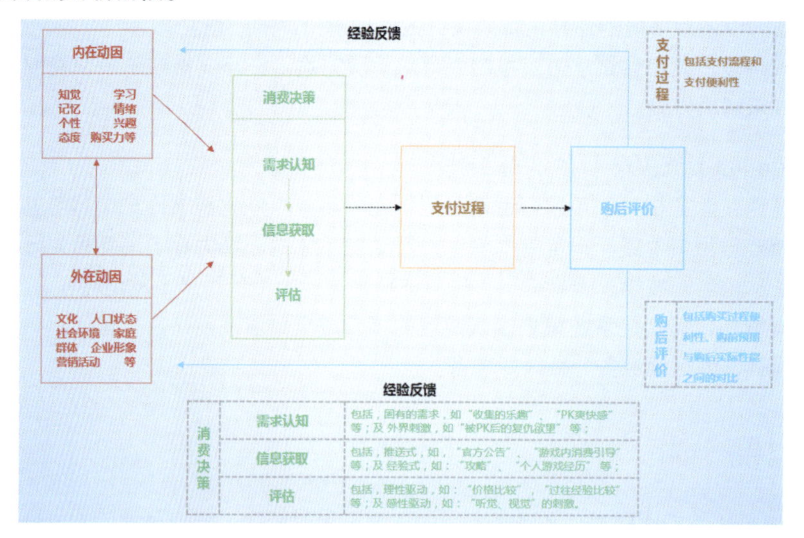

图3.42　游戏用户付费决策过程

需求认知（Need Recognition）：用户认识到自己有某种需要时，是其付费决策过程的开始。

这种需要可能是由固有习惯引起的，如收集的乐趣、炫耀心理、PK的爽快感、对偶像的追求等。也可能是受到外界的某种刺激引起的，如看到其他用户拥有某件极品装备自己也想要，被PK后想要复仇等。

信息搜索（Information Search）：指用户获得消费信息的来源。主要包括商业来源和经验来源。商业来源，如官方公告、游戏内消费引导等；经验来源，如攻略、朋友指导、个人过往游戏经历等。

评估&决策（Evaluation & Decision）：用户基于理性因素（如价格考虑、道具性价比等）和感性因素（如视听觉的融入感、复仇的冲动性等）对需求做出评估并决定是否通过货币兑换“游戏代币”进行虚拟道具消费。

支付过程（Payment Process）：用户支付现实货币兑换虚拟代币的过程，包括支付渠道的便利性和支付过程的易用性。

购后行为（Post-Purchase Behaviour）：用户对道具使用预期、购买过程等的综合评价，决定用户是否进行二次消费。

■ 付费分析的研究范围

用户的付费动机与流失原因一样，是一个很感性的过程。可能因为漂亮的外套、受到妹子的追捧、复仇的冲动、对偶像的追崇等。

广义上，针对用户在游戏内付费的动机分析，游戏内付费设计调整等，所需要研究的范围涉及用户付费决策的各个环节，它包括了产品研发到产品运营的各个环节。

需求认知：通过游戏系统设计、运营活动等手段（促销、返利、新系统等）激发用户的内在需求。构建在对用户的感知价值（如收集、成就、炫耀等）和消费心态（如限量、独占性、贪小便宜等）的洞察之上。

信息搜索：涉及游戏内消费引导、商城UE设计、游戏外围论坛、攻略等内容的维护。

评估&决策：涉及IB定价策略、VIP特权设计、首充礼包设计等。

支付过程：涉及支付渠道的建立、支付易用性测试等。

通常情况下，我们通过数据和用研所做的付费分析，只是针对付费决策环节中的“需求认知”进行分析。主要包括以下3个方向。

动机研究：用户在游戏中付费的内在需求和消费心态研究等。

需求验证：用户在某项功能上的消费是否符合策划预期，如：VIP10以上用户缘分武将的养成情况等。

规则优化：某个活动设计是否合理，如累消活动的档位划分、奖励投放是否合理，物品定价等。

二、基于宏观数据的服务器生态画布

回到NT公司的案例，G项目在经过一段时间版本调整后，增加了针对流失问题的调整，同时加入付费相关功能。准备开启**付费删档测试**，预计测试周期持续1个月。项目组希望通过这次测试验证挽留策略和付费内容，为后续的版本调整提供参考信息。

消费分类	消费名称	总计	10元以下	11-50元	51-100元	101-200元	201-500元	501-1000元	1001元以上
抽卡	抽卡包	37.19%	68.58%	50.38%	48.11%	42.08%	25.59%	8.48%	8.11%
抽卡	十连抽卡包	22.44%	6.59%	17.28%	8.43%	13.39%	31.96%	40.33%	38.05%
商店	购买道具	3.07%	0.00%	0.00%	0.68%	4.78%	2.38%	2.82%	12.94%
功能消费	复活	0.48%	0.60%	0.68%	1.25%	0.44%	0.23%	0.20%	0.06%
功能消费	关卡重置	2.58%	1.47%	1.84%	1.84%	2.20%	1.92%	3.87%	5.34%
功能消费	增加好友上限	0.34%	0.00%	0.00%	0.00%	0.00%	0.00%	1.33%	1.28%
功能消费	修改名字	1.20%	0.80%	0.92%	2.12%	0.70%	0.98%	2.65%	0.96%
功能消费	扫荡	1.25%	0.72%	1.05%	1.86%	0.72%	0.59%	2.99%	1.36%
……									
礼包	购买vip礼包	9.70%	3.34%	6.60%	8.03%	12.87%	11.34%	17.15%	11.43%
行动力	购买精力	1.77%	1.25%	1.85%	2.25%	2.07%	1.32%	1.92%	1.83%
行动力	购买体力	13.17%	8.81%	12.43%	18.14%	15.08%	12.38%	14.39%	13.88%
商店	神秘商店	3.31%	4.50%	3.64%	2.94%	2.86%	5.26%	1.65%	1.82%

图3.43　不同付费强度用户代币消费构成

测试结束后，A首先针对用户付费及代币消费相关的数据进行了简单描述性统计，消费结构、首充时间、金额分布、付费率及ARPPU等。

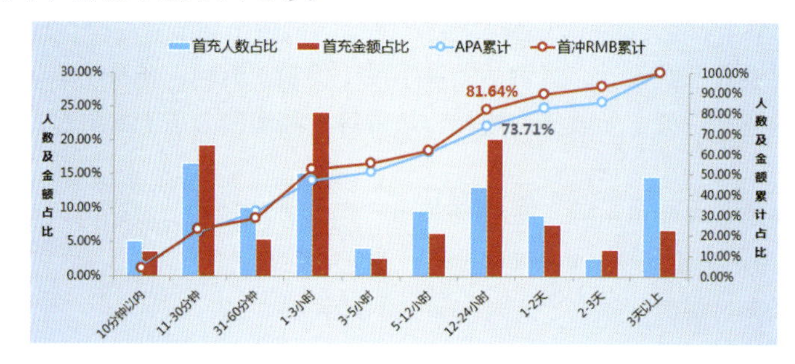

图3.44　首充金额及用户数分布

与流失分析一样，在狭义付费分析的过程中，首先需要通过数据从宏观层面上发现并定位问题的范围。上述基本是描述性数据，对决策没有太大帮助。

首先，从游戏产品付费趋势上观察，在中、重度游戏中：

以一个月为生命周期时，开服一周左右收入占服务器总收入的60%～80%。

以二个月为生命周期时，开服二周左右收入占服务器总收入的60%～80%。

以三个月为生命周期时，开服一个月左右收入占服务器总收入的60%～80%。

……

以半年为生命周期时，开服二个月左右收入占服务器总收入的60%～80%。

虽然以一个月为生命周期时，首周的付费已经达到60%～80%。但是，持续付费做得好的产品，开服一个月实际上只赚到了一半的钱。

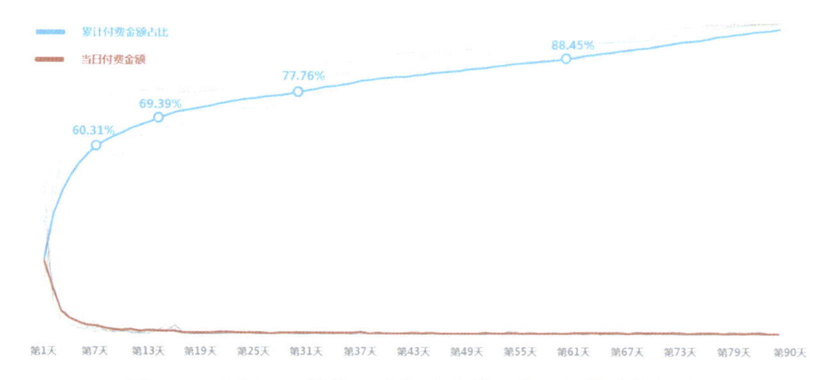

图3.45　超过100款中、重度游戏的服务器付费趋势规律

其次，从服务器每个周期的充值贡献观察：开服二周后，服务器内总付费前2%的用户，贡献了服务器周收入的85%～95%。

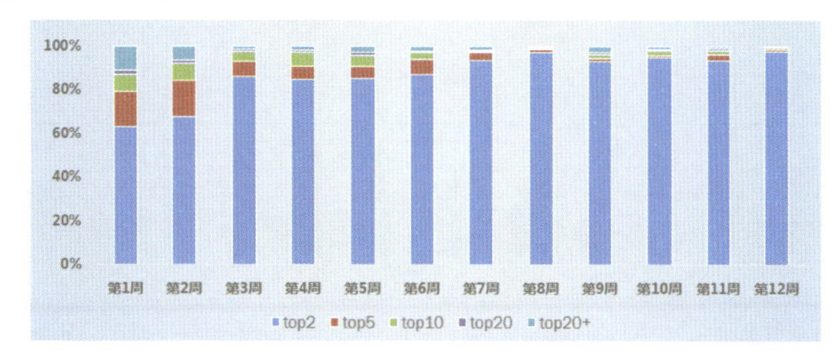

图3.46　服务器大R付费贡献

根据游戏产品付费规律的特征，付费的**持续增长**能力和大R的**付费深度**是衡量游戏付费能力的两个重要参数。

早年时曾看过一个"**游戏万人商业价值模型**"，该模型的基本思想选取一批（万级别）新增用户，观察新增用户在进入游戏后N天内的累计付费并除以新增用户总数，得到一个第N天的累计ARPU，从而获得关于付费趋势的判断。

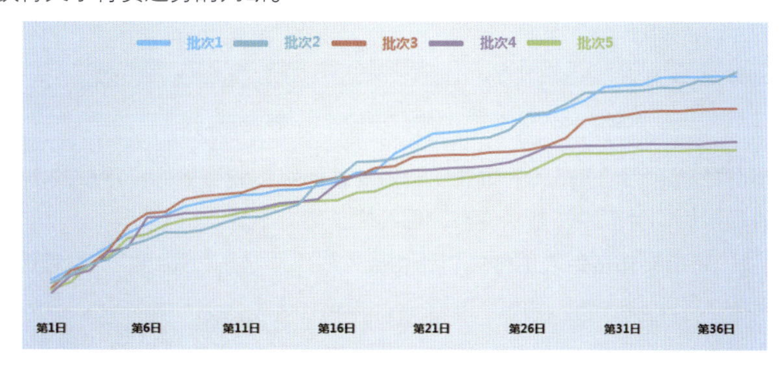

图3.47　游戏万人商业价值模型

该模型可以在一定程度上衡量测试阶段付费持续增长情况，但是存在以下两个缺陷。

1. 需要大量样本和较长的观察周期。
2. 目前采用该模型进行游戏付费质量衡量的厂商较少，不方便做横向比较。

因此，A选取 LTV这个游戏业内目前最常见的付费质量指标，作为评价标准，可以拿到同算法下的大量竞品数据。

LTV（Lift Time Value）生命周期价值：平均一个账号在其生命周期内（第一次登录游戏到最

后一次登录游戏），为该游戏创造的收入总计。

首先，将G项目1至14日LTV及增长趋势与主要竞品数据进行对比。

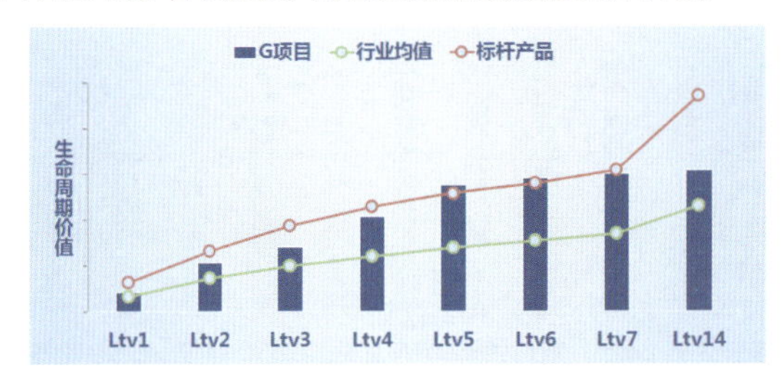

图3.48　G项目LTV与主要竞品对比

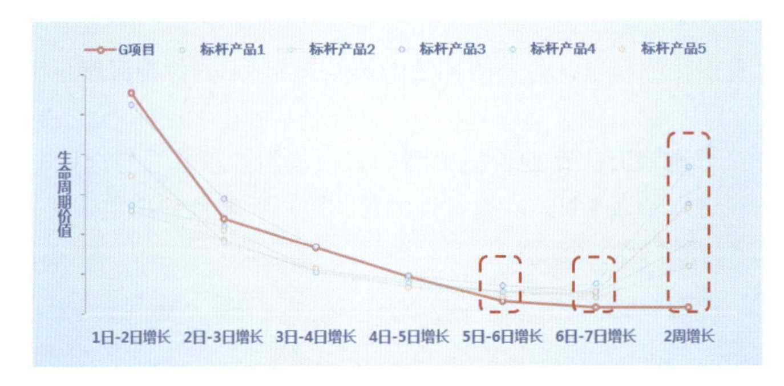

图3.49　G项目LTV增长趋势与主要竞品对比

此时，可以观察到G项目在前5日的付费比较强劲，已经达到行业标杆产品的水平，但是从第5日开始，特别是1周以后，付费增长基本停滞，后续增长能力不足。

其次，此时我们还需要知道游戏的整体付费构成，对不同级别付费用户的贡献进行观察。

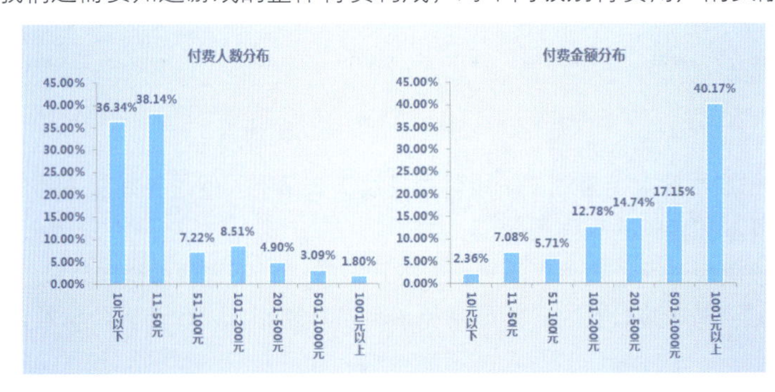

图3.50　G项目付费结构

G项目前1.80%的充值用户产生40.17%的充值贡献，付费深度不足。通常中、重度游戏前2%的用户收入贡献可达到60%～70%。至此，可以看出G项目短期的付费能力很强，能够快速挖掘用户的价值，但是持续付费能力不足且付费深度不够，用户在注册5天后基本停滞付费。但是还不够精细，用户付费停滞是因为流失还是后期付费点不足？玩家的付费规律是什么样的？这些疑问在上述数据中都无法体现，那么宏观数据还可以做什么？一台服务器的充值账号并不多，以一万人的导入量5%的付费率计算，只有500个账号，再剔除付费金额在100元以下的小R，真正有观察意义的账号并不多。如果能够通过一幅图来展现从开服起的时间轴上，每个账号的付费、登录、基本属性等情况，那么就能够快速地判断游戏付费存在的问题。

我们可以通过图3.51中的表格来展现服务器内的付费生态：

一行，为一个账号，颜色的深浅表示付费金额的多少。灰色部分表示有登录但是未付费。

一列，为一天，同时标记截止该日付费占服务器生命周期的比例。

在表格中部，标注版本更新及运营活动内容。

开服日期	开服第1日	开服第2日	开服第3日	开服第4日	开服第5日	开服第6日	开服第7日	开服第8日	开服第9日	开服第10日	开服第11日	开服第12日	开服第13日	开服第14日	开服第15日	……	开服第28日	开服第29日	开服第30日	总计	个人消费占比	累计消费占比
累计占比	20.84%	40.45%	56.44%	63.30%	77.14%	83.27%	90.35%	91.43%	93.39%	94.13%	95.05%	95.69%	96.31%	96.39%	96.45%		98.63%	99.44%	100.00%			
付费占比	20.84%	19.61%	15.98%	6.86%	13.85%	6.13%	7.08%	1.08%	1.96%	0.74%	0.92%	0.64%	0.62%	0.08%	0.06%		1.63%	0.82%	0.56%	100.00%		
总计	¥22,112	¥11,394	¥9,288	¥3,984	¥8,046	¥3,560	¥4,112	¥630	¥1,140	¥428	¥534	¥372	¥360	¥48	¥36		¥948	¥474	¥326	¥78,106		
账号2	¥11,204		¥2,042	¥1,722	¥2,592															¥18,408	23.57%	23.57%
账号1		¥1,896																		¥4,816	6.17%	29.73%
账号4			¥1,104																	¥3,588	4.59%	34.33%
账号6	¥1,104																			¥3,036	3.89%	38.21%
账号3	¥1,380					¥1,104														¥2,904	3.72%	41.93%
账号11		¥1,074																		¥1,556	1.99%	43.92%
账号9																				¥1,302	1.67%	45.59%
账号12																				¥1,270	1.63%	47.22%
账号7																				¥1,154	1.48%	48.70%
账号10																				¥1,108	1.42%	50.11%
账号14																				¥984	1.26%	51.37%
账号17																				¥818	1.05%	52.42%
账号18																				¥788	1.01%	53.43%
账号13																				¥776	0.99%	54.42%
账号19																				¥732	0.94%	55.36%
账号8																				¥712	0.91%	56.27%
账号20																				¥690	0.88%	57.16%
账号5																				¥684	0.88%	58.03%
账号21																				¥684	0.88%	58.91%
账号22																				¥680	0.87%	59.78%
账号16																				¥678	0.87%	60.65%
账号15																				¥654	0.84%	61.48%
账号23																				¥654	0.84%	62.32%
账号24																				¥654	0.84%	63.16%
账号25																				¥592	0.76%	63.92%
账号26																				¥526	0.67%	64.59%
账号27																				¥502	0.64%	65.23%
账号28																				¥490	0.63%	65.86%
账号29																				¥428	0.55%	66.41%
账号30																				¥426	0.55%	66.95%
账号31																				¥422	0.54%	67.49%
…… ……																						
账号283																				¥6	0.01%	99.96%
账号284																				¥6	0.01%	99.97%
账号285																				¥6	0.01%	99.98%
账号286																				¥6	0.01%	99.99%
账号287																				¥6	0.01%	1

神壕

double 党

首充党

商城特卖（消耗）

神将活动（消耗）

缘分武器（充值）

付费金额

有登录但是未付费

图 3.51　服务器付费生态

引入服务器付费生态后，问题就比较清晰了。

1. 开服一周已经完成了服务器总付费的90.35%。
2. 大R的主要付费集中在前一周。一周之后，大R基本每天都有登录，但是没有付费动力明显下降，且几个运营活动的刺激效果不明显。
3. 服务器付费深度不足，除了一个“神壕”用户在开服首日充了一万以外。服务器排名第二的玩家付费金额不到五千。
4. 充值500～2000之间的用户基本是“double党”，充值金额基本上是指定金额翻倍的档次，充完以后就不付费了。

与流失分析一样，这里我们要做的就是定位问题。

■ 服务器生态画布

与“流失定位模型”一样，我们将付费分析中通用的数据处理和呈现方式进行抽象化和提炼，得到服务器生态画布。

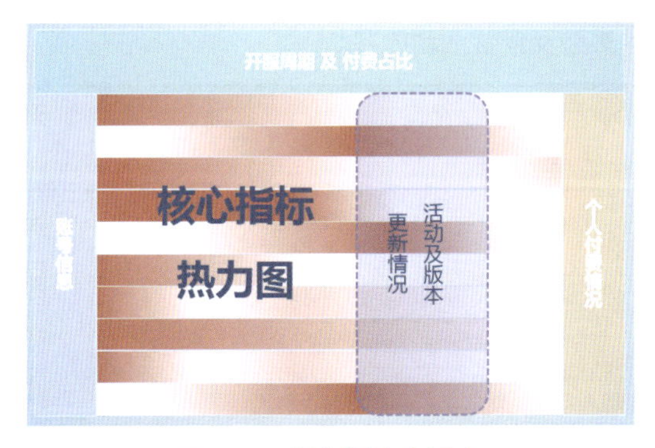

图3.52　服务器生态画布

这个是抽象化后的服务器生态画布，画布遵循“一行一号、一列一天”的基本结构，由5个部分组成。

1. **账号关键信息区：**除账号ID外，附加属性可以是等级也可以是战斗力，任何在游戏中能够反馈用户当前所处阶段和特质的属性都可以。
2. **开服时间序列：**用于标注开服周期及累计付费情况，观察游戏持续付费能力。
3. **个人付费信息：**用于标注单行账号的付费金额及付费贡献，观察游戏的付费深度。
4. **热力图：**任意与付费相关的信息分布，通常情况下为账号在某日的存点或付费金额，根据实际需求，配合标签信息内容也可以是代币的消耗或者获取。
5. **标签信息：**用于标注重大版本和活动信息，宏观上观察不同版本和活动对于服务器中哪部分用户造成影响。

三、基于情境还原的消费动机分析

在游戏付费删档测试阶段，由于没有复杂运营活动的干扰，可以最大程度上针对游戏付费系统引导和深度进行观察，如日常活动产出、消费价值观引导、付费习惯培养等。同时对内置付费功能规则进行优化，如首充礼包、VIP礼包，VIP特权、签到等。

从购买决策观察用户的付费动机，数据在付费分析上，不是为了进行“探索”而是进行“验证”,它的主要任务包括以下两种。

- **需求验证：**用户在某项功能上的消费是否符合策划预期，如V10以上用户缘分武将的养成情况等。
- **规则优化：**某个活动设计是否合理，如累积消费活动的档位划分、奖励投放、物品定价等。

在通过**服务器生态画布**观察整体付费规律之后，还需要通过数据和用户研究帮助设计人员还原用户消费前后游戏体验的场景及心理过程。

与流失的微观分析一样，我们希望通过“**情境还原**”的方式，进一步观察付费用户消费行为及消费时的特征。通过数据进行消费行为**定性描述**，帮助设计人员还原用户**消费场景及心态**达到“灵魂附体”的状态，以便辅助产生落地的解决方案。

我们不通过数据探讨“付费率”的问题，甚至不探讨“首次付费金额”的问题。用户是否付费，首次付费的金额，通常情况下与用户的固有付费习惯、首充设计、充值返利档位设计、VIP特权设计等相关。该部分内容更多通过对用户的定性访谈来发现问题。在付费数据分析上，将问题聚焦在“深度”上，通过对用户消费场景的还原，结合业务理解，找到用户付费时的动机。

第1步：样本筛选

由于通过“**情境还原**”进行付费分析的主要目的在于找到用户的付费动机，只有一次付费行为且付费金额较小的账号通常情况下与用户的“固有付费习惯”或“游戏固有付费功能设计”相关，因此样本选取的条件为：

1. 测试期间有过2次以上付费行为的账号。
2. 测试期间累计充值大于阈值的账号，阈值通常情况取值为1000。

从G项目测试账号中选取符合抽样条件的账号，共44个。

第2步：从微观上观察样本的消费行为数据，并找出可能刺激用户的充值动因。

首先，与流失分析时一样，拆解游戏基础养成数值，并观察“样本”首次登录至最后一次登录期间，关键参数及养成数值构成的变化。

在进行付费分析时，A选取等级、VIP、元宝进销存、在线时长、战斗力等作为关键属性，并将战斗力拆解为卡牌等级、卡牌星级等八项进行观察。

角色关键属性									
统计日期	等级	最后登录日期	在线时长（H）	充值金额	元宝获取	元宝消耗	元宝存点	VIP	战斗力
1	29	1	2.26	¥11,204	185861	65869	119992	10	38125
2	31	2	2.93	¥98	2860	35566	87286	10	55869
3	32	3	4.15	¥2,042	32933	108877	11342	10	67592
4	34	4	2.2	¥1,722	26210	35506	2046	11	70040
5	35	5	2.28	¥2,592	42563	40988	3621	11	89991
6	37	6	1.71	¥98	1026	4520	126	11	97592
7	39	7	1.35	¥158	2036	1369	793	11	101352
8	42	8	1.42	¥0	658	1256	195	11	102782
9	46	9	1.81	¥0	1705	1036	864	11	107167
10	50	10	1.84	¥198	2563	3200	227	11	109688
……									
29	63	29	1.29	¥128	3326	2500	1188	11	143162
30	63	30	1.57	¥0	1566	2500	254	11	149334

图3.53　角色关键特征简档

战斗力构成及变化										
统计日期	总战斗力	卡牌等级	卡牌星级	卡牌缘分	卡牌技能	装备等级	装备进阶	装备宝石	装备淬炼	其他
1	20125	8654	1369	322	463	8251	604	403	0	60
2	47040	14112	5645	4704	2352	14112	2540	2352	1082	141
3	89991	16198	15748	14399	6299	17098	4500	7199	8189	360
4	97592	17567	17176	15615	6831	18055	4880	7807	9076	390
5	101352	18243	18547	16216	7095	18547	5068	8108	9122	405
6	102782	18501	19323	16445	7195	18295	5139	8223	9250	411
7	107167	19290	19826	17147	7502	18754	5358	8573	9645	429
8	109688	19744	19744	17550	7678	19195	5484	8775	9982	439
9	110167	19830	20711	17627	7712	19389	5508	8813	10025	551
10	113688	20464	21032	18190	7958	19895	5684	9095	10800	568
……										
29	143162	21474	35791	21474	10021	21474	7158	12885	11453	1432
30	149334	22400	37334	22400	10453	22400	7467	13440	11947	1493

图3.54　角色战斗力构成简档

通过观察角色的特征简档：

1. 首日有大量充值，但是元宝消耗的不多，存点超过当日元宝获取的六成，推测首日充值是为了冲VIP10，实际消耗需求并没有那么大。
2. 元宝的爆发式消耗在第三天，缘分相关战斗力有重大提升，推测第三天的主要消费在定向求缘上。
3. 战斗力的增长在第五天遇到瓶颈，但是仍然保持每日1.5至2小时的游戏时长。
4. 开服第二周有神将活动，且角色存点已经不多，但是没有起到刺激用户充值的目的，需要进一步排查用户卡牌和装备的状态。

其次，在两种时间段内，账号大量获得和消耗元宝的时间段或停滞前后的代币进销存流水对用户的消费场景进行还原，结合业务理解推测用户可能的付费动机。

通过用户在充值后30分钟内的消费物品及存点变化情况，结合业务和角色状态数据，分析用户的付费动机：

1. 该用户在登录20分钟后，首充2000元，直接购买V5和V6礼包，忽略了V5之前的VIP礼包。结合业务分析，V6以上礼包中开始包含主角卡牌升级所需的碎片，推测玩家首充是为了V6礼包。
2. 购买礼包之后，在还有两万存点的情况下，连续两笔2000元充值，并连续购买V7～V9礼包，说明玩家对主角卡牌升级碎片有强烈需求。
3. 之后的消费主要在“10连抽”，存点即将耗尽的时候，连续充值了648、328、198的返利档位和2000元最高档。之后的消费从连续抽卡转移到卡牌缘分礼包。结合业务分析，卡牌缘分礼包在V10之后才可以购买。抽查玩家抽卡的详细数据，用户是在抽到神将卡牌后，开始为主卡搭配缘分。最后一次的充值动机是为了冲V10，购买缘分礼包。

……

时间	事件	元宝数	存点
21:05:40	登录		0
21:24:21	邮件附件	100	100
21:25:50	充值	26000	26100
21:41:52	VIP礼包	-998	25102
21:41:59	VIP礼包	-1999	23103
21:42:02	充值	26000	49103
21:49:42	充值	26000	75103
21:49:48	VIP礼包	-2999	72104
21:49:54	VIP礼包	-3999	68105
21:49:42	VIP礼包	-4999	63106
21:49:48	10次抽卡	-2500	60606
21:49:54	10次抽卡	-2500	58106
……			
21:53:05	高级经验药	-240	7865
21:53:06	高级经验药	-240	7625
21:53:12	购买体力	-100	7525
21:53:17	高级经验药	-256	7269
21:58:48	充值	6480	13749
21:58:54	充值	3936	17685
21:58:59	充值	1980	19665
21:53:05	充值	26000	45665
22:04:04	VIP礼包	-5999	39666
22:04:08	购买体力	-100	39566
22:04:11	购买体力	-200	39366
22:04:17	购买体力	-200	39166
22:04:25	高级经验药	-560	38606
22:04:01	求缘礼包	-500	38106
22:04:08	求缘礼包	-500	37606
22:04:44	求缘礼包	-500	37106
22:04:49	求缘礼包	-500	36606
……			
22:06:16	求缘礼包	-500	29106
22:06:22	求缘礼包	-500	28606

图3.55　角色经典消费瞬间

第3步：总结用户的付费规律。

通过对主要付费用户的消费场景进行还原，找到游戏设计层面存在的问题，最后将发现的问题进行总结。

1. 大R呈现“即充即消”的消费行为模式，基本上大额充值后，在当天就会消费掉。从大R个人消费结构及明细观察，基本遵循“连续抽卡”→“求援礼包”的顺序。
2. 付费1000～3000用户的付费规律呈现“将每种double的充值额度都充一遍”，之后在缺钱的时候偶尔进行小额充值。
3. 开服一周后的“神将”活动对大R付费的提升几乎没有效果。玩家在首周就已经配齐主要的阵容，“神将”活动后还需要为神将重新配一套阵容且属性没有质的提升，性价比太低。虽然测试阶段仅1名用户充值过万，但是该问题在大规模推广时同样存在。
4. V10以后，VIP特权设计上没有质的变化且金额跨度较大，而用户一万元基本够搭配一套主流阵容，在大R的深度付费设计上，仍存在不足。

……

四、小结

与流失分析一样，通过数据还原用户货币进销存行为流水，帮助设计人员理解用户的心理，是情境还原在付费分析应用上的重点。

在进行付费分析时不是简单地对用户的消费结构、付费金额做统计，而是通过行为数据研究用户在游戏中付费的内在需求、付费动机，验证策划的消费设计并优化付费引导和付费机制的过程。

【to do list】流失分析的准备工作

1. 消费前后用户的存点变化和购买物品是进行付费动机分析的关键，因此在产品上线前必须确保数值货币（元宝、金币、其他货币等）的产出和消费明细均已记录在通用或个性化需求日志中。
2. 提前与策划和运营人员沟通，明确产品的付费设计、物品投放机制等，为后续需求验证分析做好准备。

3.3.3 产品收益预估及KPI逆向推导工具

由于游戏质量数据受运营活动影响波动较大、自然新增难以预测等问题，导致游戏市场发行的收益预估，是一个常见而又比较困难的议题。根据笔者在一线研发及运营厂商的分析工作经验，尝试构建一个相对可控的预估模型，降低发行风险并相对客观地反推发行环节各个职能所需要承担的KPI指标。

本章分为4个小节来对收益预估模型进行说明：

1. 项目收益预估模型的基础思想
2. 项目收益预估模型的优化及KPI逆向推导
3. 项目上线后模型拟合效果
4. 模型使用注意事项

一、项目收益预估模型的基础思想

继续上一个故事，NT游戏公司的G项目，经过两次付费测试后，数据表现达到A+水平。项目制作人P找来市场经理M和数据分析经理A，请他们帮忙出一份简单的方案并评估上市后的投资回报率。经过一段时间准备后，A给出初步“项目收益评估”的思路。

基本思路

1. 将一个统计周期内的收入根据活跃账号数和项目付费质量进行初步分解为如下函数关系：

$$\text{Revenue} = \text{AU} \times \text{PUR} \times \text{ARPPU}$$

2. 将AU分解为新增账号、持续登录账号及回归账号。其中，新增账号受市场费用、直效广告成本和自然新增影响；持续登录账号受项目留存数据影响；回归账号受项目回归率影响。
3. 基于市场费用及预估的投放成本（CPL），计算每个统计周期的直效新增账号和自然新增账号数。
4. 假设项目在公测前后没有进行大规模更新，项目质量相关数据不会有重大波动。基于上述假设：
   1）使用项目测试期间的留存数据（日、周或月）及回归率作为公测时的参考，计算每个统计周期的持续上线账号及回归账号数。
   2）使用项目测试期间的付费数据（PUR & ARPPU）作为公测时的参考，计算每个统计周期在当前活跃用户基数之上的收入流水。
5. 由于新老用户的质量数据表现差异较大，在有大量新增导入时上线结构新增、持续、回归发生的变化地对付费数据及留存数据会造成影响，因此所有指标均针对新、老用户单独计算，根据统计周期内的上线结构进行动态加权。
6. 由于日数据的波动性和月数据延迟性，因此统计周期以自然周为准。

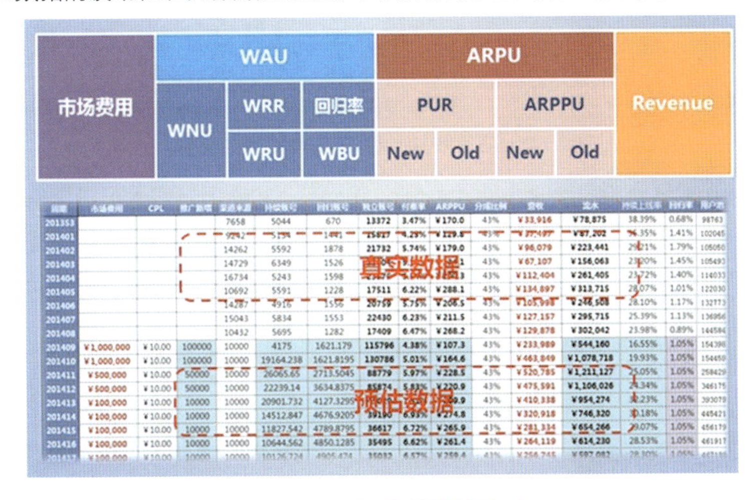

图3.56　项目收益评估模型

二、项目收益预估基础模型优化及KPI逆向推导

根据A的预估，项目在第一个月投入600万元的市场费用，维持每月60万元基础运营费用，估

计三个月能够收回市场费用。

统计周期	累计市场费用	累计流水	累计收入
公测第1月	¥6,040,000	¥8,472,624	¥3,643,228
公测第2月	¥6,640,000	¥14,105,016	¥6,065,157
公测第3月	¥7,240,000	¥17,605,831	¥7,570,507
公测第4月	¥7,840,000	¥20,377,972	¥8,762,528
公测第5月	¥8,440,000	¥22,493,329	¥9,672,132
公测第6月	¥9,040,000	¥24,560,636	¥10,561,073

图3.57　项目收益预估简单模型结果

明细数据如图3.58所示。

周期	营销成本	CPL	广告新增	自然来源	老用户	回归	独立账号	老用户付费率	新用户付费率	付费率	老用户ARPPU	新用户ARPPU	ARPPU	分成比例	营收	流水	老用户留存	新用户留存	产品留存	回归率	累计用户池
测试第1周				6884	11	0	6895	0.00%	4.91%	6.90%	¥0	¥78	¥77.7	43%	¥15,906	¥36,990	64%	23%	23.41%	0.00%	6884
测试第2周				5161	3078	602	8841	8.34%	5.16%	7.65%	¥219	¥109	¥159.0	43%	¥46,247	¥107,551	39%	25%	30.73%	1.16%	51736
测试第3周				7249	2719	696	10664	9.90%	3.97%	7.23%	¥348	¥79	¥185.6	43%	¥61,508	¥143,043	42%	28%	32.83%	1.18%	58985
测试第4周				6258	3502	590	10350	8.43%	4.70%	7.38%	¥279	¥84	¥161.1	43%	¥52,926	¥123,083	43%	24%	31.63%	0.90%	65243
测试第5周				5501	3489	740	9730	8.82%	4.66%	6.90%	¥362	¥161	¥272.3	43%	¥78,580	¥182,745	46%	25%	34.03%	3.89%	19008
公测第1周	¥1,900,000	¥10.00	190000	6075	3311	2577	201963	8.15%	5.00%	5.09%	¥210	¥82	¥88.0	43%	¥389,000	¥904,651	40%	28%	28.35%	1.24%	207834
公测第2周	¥1,640,000	¥10.00	164000	6075	57257	4608	231940	8.50%	4.80%	5.79%	¥280	¥82	¥159.6	43%	¥920,960	¥2,141,768	42%	26%	30.27%	1.24%	371651
公测第3周	¥1,380,000	¥10.00	138000	6075	70208	6395	220678	8.50%	4.50%	5.89%	¥340	¥82	¥211.3	43%	¥1,180,569	¥2,745,510	46%	24%	31.64%	1.24%	515726
公测第4周	¥1,120,000	¥10.00	112000	6075	69823	7859	195757	8.50%	4.50%	6.09%	¥340	¥82	¥225.0	43%	¥1,152,699	¥2,680,694	46%	24%	32.73%	1.24%	633801
公测第5周	¥150,000	¥10.00	15000	6075	64071	8120	93267	8.50%	4.50%	7.60%	¥340	¥82	¥305.5	43%	¥930,556	¥2,164,084	46%	24%	41.03%	1.24%	654876
公测第6周	¥150,000	¥10.00	15000	6075	38267	8382	67724	8.50%	4.50%	7.26%	¥340	¥82	¥290.2	43%	¥613,144	¥1,425,915	46%	24%	39.15%	1.24%	675951
公测第7周	¥150,000	¥10.00	15000	6075	26514	8643	56232	8.50%	4.50%	7.00%	¥340	¥82	¥277.9	43%	¥470,342	¥1,093,819	46%	24%	37.75%	1.24%	697026
公测第8周	¥150,000	¥10.00	15000	6075	21228	8904	51207	8.50%	4.50%	6.85%	¥340	¥82	¥270.3	43%	¥407,887	¥948,574	46%	24%	36.95%	1.24%	718101
公测第9周	¥150,000	¥10.00	15000	6075	18921	9166	49162	8.50%	4.50%	6.79%	¥340	¥82	¥266.7	43%	¥382,475	¥889,478	46%	24%	36.57%	1.24%	739176
公测第10周	¥150,000	¥10.00	15000	6075	17979	9427	48481	8.50%	4.50%	6.76%	¥340	¥82	¥265.4	43%	¥374,005	¥869,779	46%	24%	36.44%	1.24%	760251
公测第11周	¥150,000	¥10.00	15000	6075	17666	9688	48430	8.50%	4.50%	6.76%	¥340	¥82	¥265.3	43%	¥373,386	¥868,340	46%	24%	36.43%	1.24%	781326
公测第12周	¥150,000	¥10.00	15000	6075	17643	9882	48600	8.50%	4.50%	6.77%	¥340	¥82	¥265.6	43%	¥375,484	¥873,218	46%	24%	36.46%	1.24%	796900
公测第13周	¥150,000	¥10.00	15000	6075	17720	7712	46506	8.50%	4.50%	6.69%	¥340	¥82	¥261.3	43%	¥349,479	¥812,742	46%	24%	36.03%	1.24%	621900
公测第14周	¥150,000	¥10.00	15000	6075	16756	5864	43695	8.50%	4.50%	6.57%	¥340	¥82	¥254.8	43%	¥314,542	¥731,494	46%	24%	35.39%	1.24%	472900
公测第15周	¥150,000	¥10.00	15000	6075	15464	4339	40877	8.50%	4.50%	6.44%	¥340	¥82	¥247.0	43%	¥279,523	¥650,053	46%	24%	34.66%	1.24%	349900
公测第16周	¥150,000	¥10.00	15000	6075	14168	3136	38379	8.50%	4.50%	6.30%	¥340	¥82	¥238.9	43%	¥248,476	¥577,852	46%	24%	33.92%	1.24%	252900
公测第17周	¥150,000	¥10.00	15000	6075	13018	3136	37229	8.50%	4.50%	6.24%	¥340	¥82	¥234.6	43%	¥234,186	¥544,618	46%	24%	33.55%	1.24%	252900
公测第18周	¥150,000	¥10.00	15000	6075	12490	3136	36701	8.50%	4.50%	6.20%	¥340	¥82	¥232.5	43%	¥227,624	¥529,357	46%	24%	33.37%	1.24%	252900
公测第19周	¥150,000	¥10.00	15000	6075	12247	3136	36458	8.50%	4.50%	6.19%	¥340	¥82	¥231.5	43%	¥224,606	¥522,340	46%	24%	33.28%	1.24%	252900
公测第20周	¥150,000	¥10.00	15000	6075	12133	3136	36344	8.50%	4.50%	6.18%	¥340	¥82	¥231.1	43%	¥223,188	¥519,042	46%	24%	33.24%	1.24%	252900
公测第21周	¥150,000	¥10.00	15000	6075	12081	3136	36292	8.50%	4.50%	6.18%	¥340	¥82	¥230.9	43%	¥222,533	¥517,518	46%	24%	33.22%	1.24%	252900
公测第22周	¥150,000	¥10.00	15000	6075	12056	3136	36267	8.50%	4.50%	6.18%	¥340	¥82	¥230.8	43%	¥222,230	¥516,813	46%	24%	33.22%	1.24%	252900
公测第23周	¥150,000	¥10.00	15000	6075	12048	3136	36259	8.50%	4.50%	6.18%	¥340	¥82	¥230.7	43%	¥222,131	¥516,583	46%	24%	33.21%	1.24%	252900
公测第24周	¥150,000	¥10.00	15000	6075	12042	3136	36253	8.50%	4.50%	6.17%	¥340	¥82	¥230.7	43%	¥222,049	¥516,392	46%	24%	33.21%	1.24%	252900

图3.58　项目收益预估简单模型明细数据

制作人P认为，市场费用的回收周期需要三个月时间，扣除项目成本（不含研发人工）项目半年的利润仅为33万元。如果扣除每月30万元人工成本基本没有盈利还要亏钱。P提出是否可以通过优化市场方案或者项目质量来增加项目利润。于是请来项目主策划 D同学一起讨论并给出新的评估方案。

主策划D认为：本次测试的项目完成度还不高，深度付费和后期游戏内容会在正式上线前进行版本更新，因此项目的付费数据和后期留存数据还可以增加。

市场经理M认为：单纯根据总市场费用和成本进行新增量的估算太笼统，而且G项目作为移动游戏，不同渠道的推广方式也不一样。建议将 AppStore、渠道联运和官服三个版本分开计算，同时M会给出一份市场费用分配方案的初稿。

针对上述建议，数据分析经理A给出的修改方案如下：

1. 根据推广方式的不同，主体表格分为4个模块：AppStore模拟、渠道联运模拟（越狱+安卓渠道）、官服模拟、媒体投放模拟。

AppStore模拟 | 渠道联运模拟 | 官服模拟 | 媒体投放模拟

图3.59 根据不同推广方式分别预估各版本收入

2. 将市场费用分为6个模块，分别进行费用分配和效果估算。

   1） **基础流量：** 直效类的渠道和媒体，通过直接引导、诱骗甚至强迫的方式让用户下载安装游戏，包括积分墙、联盟广告、预装、第三方应用市场等。

   2） **移动端流量：** 一般以项目信息为出发点进行内容推送，包括移动端视频入口、超级App、游戏垂直类App等。

   3） **PC端流量：** 以PR和直接曝光为主，同端游时代的推广方式类似，包括传统门户、游戏垂直网站、内容相关站点等。

   4） **线下渠道：** 以大面积曝光为主，主要针对高品质项目，包括户外、电视、平面媒体等。

   5） **社会化媒体：** 以软文、炒作、UGC等内容为主，利用社会化网络，在线社区，博客等平台媒体进行曝光，包括微博、微信等。

   6） **收口类：** 曝光类广告的流量收口，包括关键字、品牌专区等。

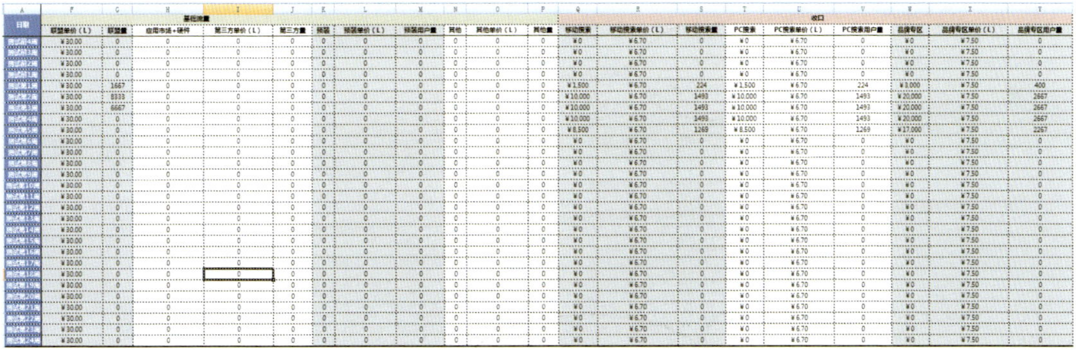

A	F	G	H	I	J	K	L	M	N	O	P	Q	R	S	T	U	V	W	X	Y
	基础流量											收口								
日期	联盟单价（L）	联盟量	应用市场+硬件	第三方单价（L）	第三方量	预装	预装单价（L）	预装用户量	其他	其他单价（L）	其他量	移动搜索	移动搜索单价（L）	移动搜索量	PC搜索	PC搜索单价（L）	PC搜索用户量	品牌专区	品牌专区单价（L）	品牌专区用户量
测试前4周	¥30.00	0	0	0	0	0	0	0	0	0	0	¥0	¥6.70	0	¥0	¥6.70	0	¥0	¥7.50	0
测试前3周	¥30.00	0	0	0	0	0	0	0	0	0	0	¥0	¥6.70	0	¥0	¥6.70	0	¥0	¥7.50	0
测试前2周	¥30.00	0	0	0	0	0	0	0	0	0	0	¥0	¥6.70	0	¥0	¥6.70	0	¥0	¥7.50	0
测试前1周	¥30.00	0	0	0	0	0	0	0	0	0	0	¥0	¥6.70	0	¥0	¥6.70	0	¥0	¥7.50	0
测试第1周	¥30.00	1667	0	0	0	0	0	0	0	0	0	¥1,500	¥6.70	224	¥1,500	¥6.70	224	¥3,000	¥7.50	400
测试第2周	¥30.00	8333	0	0	0	0	0	0	0	0	0	¥10,000	¥6.70	1493	¥10,000	¥6.70	1493	¥20,000	¥7.50	2667
测试第3周	¥30.00	6667	0	0	0	0	0	0	0	0	0	¥10,000	¥6.70	1493	¥10,000	¥6.70	1493	¥20,000	¥7.50	2667
测试第4周	¥30.00	0	0	0	0	0	0	0	0	0	0	¥10,000	¥6.70	1493	¥10,000	¥6.70	1493	¥20,000	¥7.50	2667
测试第5周	¥30.00	0	0	0	0	0	0	0	0	0	0	¥8,500	¥6.70	1269	¥8,500	¥6.70	1269	¥17,000	¥7.50	2267
测试第6周	¥30.00	0	0	0	0	0	0	0	0	0	0	¥0	¥6.70	0	¥0	¥6.70	0	¥0	¥7.50	0
测试第7周	¥30.00	0	0	0	0	0	0	0	0	0	0	¥0	¥6.70	0	¥0	¥6.70	0	¥0	¥7.50	0
测试第8周	¥30.00	0	0	0	0	0	0	0	0	0	0	¥0	¥6.70	0	¥0	¥6.70	0	¥0	¥7.50	0
测试第9周	¥30.00	0	0	0	0	0	0	0	0	0	0	¥0	¥6.70	0	¥0	¥6.70	0	¥0	¥7.50	0
测试第10周	¥30.00	0	0	0	0	0	0	0	0	0	0	¥0	¥6.70	0	¥0	¥6.70	0	¥0	¥7.50	0
测试第11周	¥30.00	0	0	0	0	0	0	0	0	0	0	¥0	¥6.70	0	¥0	¥6.70	0	¥0	¥7.50	0
测试第12周	¥30.00	0	0	0	0	0	0	0	0	0	0	¥0	¥6.70	0	¥0	¥6.70	0	¥0	¥7.50	0
测试第13周	¥30.00	0	0	0	0	0	0	0	0	0	0	¥0	¥6.70	0	¥0	¥6.70	0	¥0	¥7.50	0
测试第14周	¥30.00	0	0	0	0	0	0	0	0	0	0	¥0	¥6.70	0	¥0	¥6.70	0	¥0	¥7.50	0
测试第15周	¥30.00	0	0	0	0	0	0	0	0	0	0	¥0	¥6.70	0	¥0	¥6.70	0	¥0	¥7.50	0
测试第16周	¥30.00	0	0	0	0	0	0	0	0	0	0	¥0	¥6.70	0	¥0	¥6.70	0	¥0	¥7.50	0
测试第17周	¥30.00	0	0	0	0	0	0	0	0	0	0	¥0	¥6.70	0	¥0	¥6.70	0	¥0	¥7.50	0
测试第18周	¥30.00	0	0	0	0	0	0	0	0	0	0	¥0	¥6.70	0	¥0	¥6.70	0	¥0	¥7.50	0
测试第19周	¥30.00	0	0	0	0	0	0	0	0	0	0	¥0	¥6.70	0	¥0	¥6.70	0	¥0	¥7.50	0
测试第20周	¥30.00	0	0	0	0	0	0	0	0	0	0	¥0	¥6.70	0	¥0	¥6.70	0	¥0	¥7.50	0
测试第21周	¥30.00	0	0	0	0	0	0	0	0	0	0	¥0	¥6.70	0	¥0	¥6.70	0	¥0	¥7.50	0
测试第22周	¥30.00	0	0	0	0	0	0	0	0	0	0	¥0	¥6.70	0	¥0	¥6.70	0	¥0	¥7.50	0
测试第23周	¥30.00	0	0	0	0	0	0	0	0	0	0	¥0	¥6.70	0	¥0	¥6.70	0	¥0	¥7.50	0
测试第24周	¥30.00	0	0	0	0	0	0	0	0	0	0	¥0	¥6.70	0	¥0	¥6.70	0	¥0	¥7.50	0

图3.60 细化市场费用投入

3. 根据不同推广渠道，将新增来源做进一步分解。

   1） **AppStore：** 积分墙、联盟、广告直接来源、搜索、AppStore商店自然来源及其他。

   2） **渠道联运：** 第三方平台广告来源、渠道联运资源。

   3） **官服：** 积分墙、联盟、预装、广告直接来源、搜索、官网自然来源，及其他。

   其中，积分墙、联盟和预装的用户质量低于其他来源，因此在计算AppStore和官服推广时，需要对上述渠道来源用户设置权重。

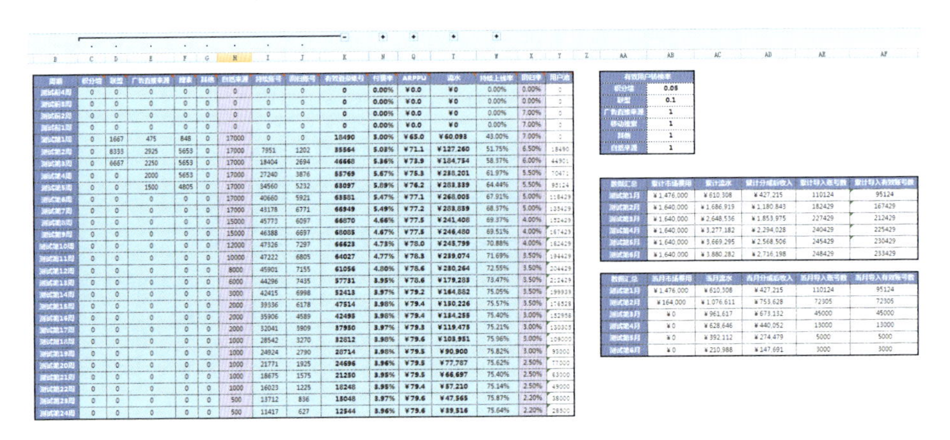

图3.61　设置不同来源用户权重

4. 项目上线后，需要实时追踪预估效果，并核对哪些环节出现问题，因此制作两个版本。

   1）基于周统计版本，用于预估项目投资回报率，推广1个月之后的数据核对。

   2）基于日统计版本，用于推广前1个月的数据核对。

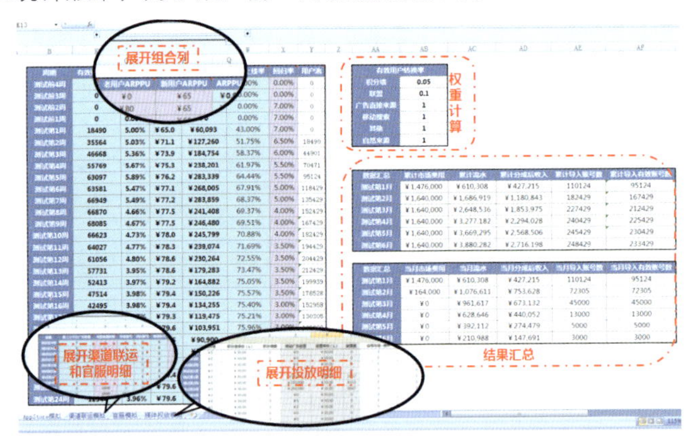

图3.62　整体模型简介

根据重新计算结果，预计两个月即可收回市场费用。

统计周期	累计市场费用	累计流水	累计分成后收入
公测第1月	¥5,990,000	¥7,120,978	¥4,134,495
公测第2月	¥6,230,000	¥14,908,604	¥8,813,344
公测第3月	¥6,470,000	¥21,845,308	¥13,026,787
公测第4月	¥6,710,000	¥28,328,513	¥17,017,937
公测第5月	¥6,950,000	¥33,510,991	¥20,271,246
公测第6月	¥7,190,000	¥38,252,453	¥23,267,477

图3.63　重新预估收入结果

三、项目上线后模型拟合情况

市场经理M跟进项目上线数据时发现，在公测初期的5天，项目收入、在线数据和预估值之间有较大的偏差。

根据之前的预估表格排查出现偏差的原因，发现以下几点：

1. 直效类广告来源数量减少，实际CPL远高于预计CPL。
2. 收入来源低于预估值，预计的关键词费用量低于预期，媒体曝光效果低于预期。
3. 在大量导入用户后，新增用户质量相对于内测时有较大幅度下降。
4. 用户付费意愿相比内侧期间有所增加。

于是，根据实际情况，调整新增用户ARPPU、新增用户留存数据，并调整对应的直接广告成本。同时减少模型表格中关键词投放的预算金额，调整后的模型拟合情况如下。

公测第10天后，项目新增用户的付费质量开始出现下滑，导致第10天开始实际收入低于预期，M决定配合接下来的节日安排促销类活动来拉升项目收入。同时由于导入较大用户基础，因此项目回归率相对内侧而言有所降低。在进一步修正参数后，拟合效果如图3.66所示。

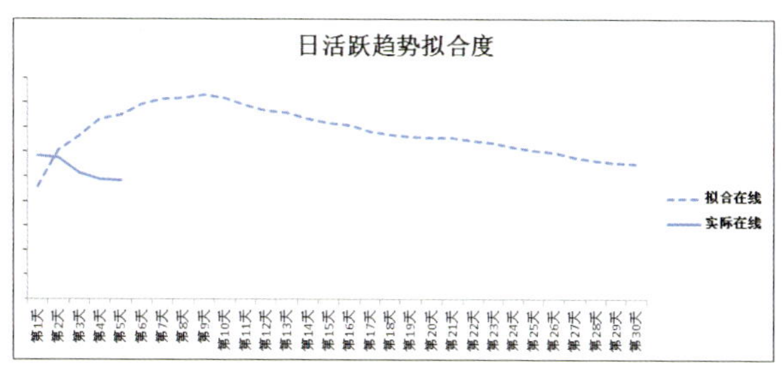

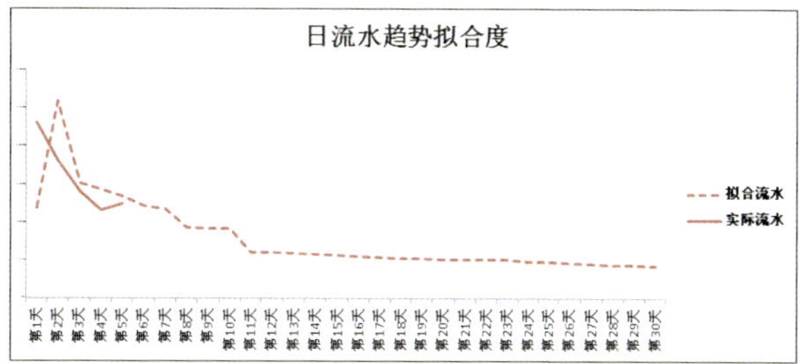

图3.64　产品大规模推广前5日收入拟合情况

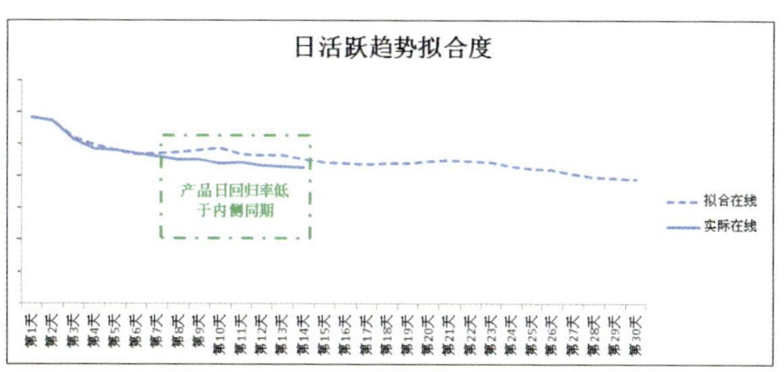

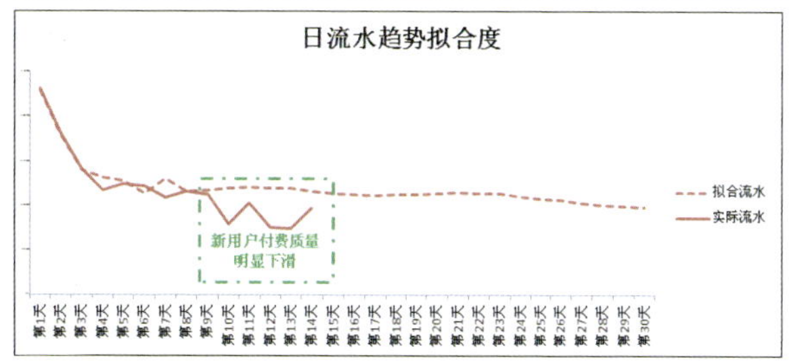

图3.65　产品大规模推广前14日收入拟合情况

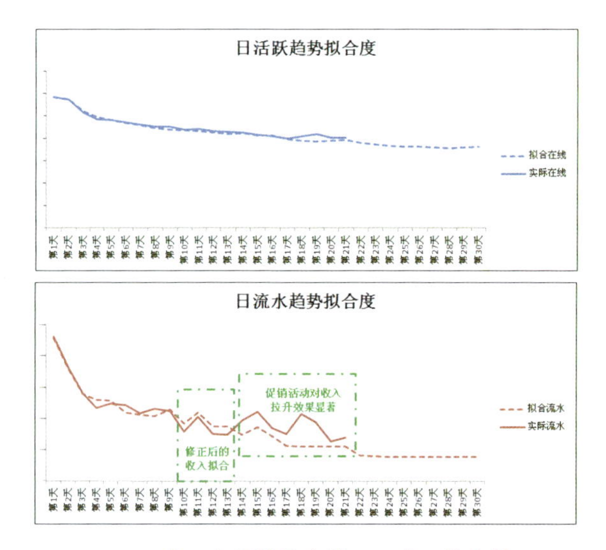

图3.66　产品大规模推广前21日收入拟合情况

一个月后，预估数据与实际数据的拟合曲线如图3.67所示。

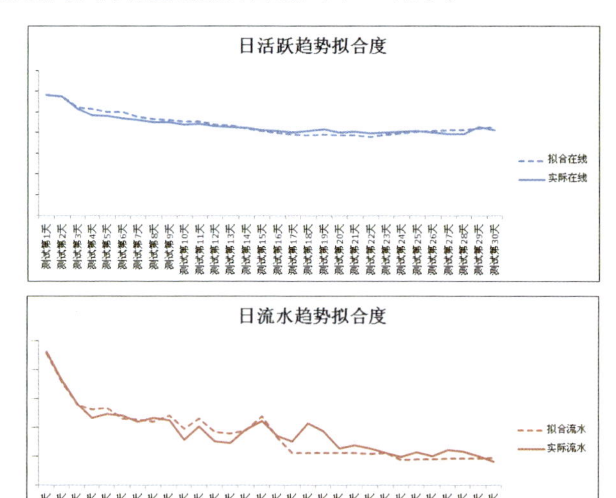

图3.67　产品大规模推广前30日收入拟合情况

四、模型使用注意事项

这不是一个预测模型，它只是根据收入流水进行拆解的函数关系，并且将该函数中的每个参数对应到策划和运营的具体工作中。它更像一个在项目公测前，大家相互约定和承当KPI的工具。

本文中以移动游戏推广为例，实际使用时需根据游戏类型不同，灵活调整模型。由于需要通过测试数据作为正常推广时产品质量的代表，因此需注意测试的用户导入量和测试周期，以移动游戏为例，渠道在联运的时候，通常会要求首发，因此项目在第一次测试的时候规模都不会很大（三千左右导入量，两周左右）。可以先根据第一次测试的数据进行第一次估算，并且在上越狱渠道进行较大规模付费测试时，再根据大规模测试的数据来调整模型的结果。

项目公测之后，运营人员需要每日关注产品数据走势，所以需要制作两个版本的预估模型：

1. **基于周的收益预估，**用于预估未来半年的投资回报率以及后期数据拟合。
2. **基于天的收益预估，**用于跟踪公测前30天的数据走势。

基于天的收益预估模型中，渠道新增量的波动较大，需要建立渠道效果实时监控的机制。若连续3天预估数值与实际数值之间的波动超过10%，则手动调整之后的参数对模型进行修正。

3.3.4 市场推广监控

在当下游戏动辄几百上千万的市场费用面前，每个市场发行人员都希望能够对自己发出去的每一分钱进行精准地追踪和监控，针对不同渠道、媒体的效果分析、异常监控是每个市场发行人员的必修课。

本章针对游戏不同的推广方式，分为5个小节对市场推广相关数据分析方法进行介绍。

1. 游戏常见市场推广方式
2. 基础运营优化
3. 直效类投放策略优化
4. 长期异常监控
5. 对账及防作弊

一、游戏常见市场推广方式

■ 直接效果类购买

目的：以直接为产品导量为主要目的，如AppStore推广时，通过积分墙与联盟进行冲榜维榜。端游中直接引导用户到官网注册页面等。

投放形式：以基础流量为主，包括积分墙、联盟、第三方应用市场广告、预装、刷机、EDM、SMS、媒体活动等。

结算方式：通常以CPC、CPA 进行结算。

渠道联运

目的：依靠渠道（包括第三方应用市场、硬件厂商等）联运资源获取用户，如移动游戏中越狱及安卓渠道联运。

结算方式：CPS。

市场曝光

目的：以增加产品市场声量和认识度为主要目的。

投放形式：在移动端游戏类垂直App、移动视频、PC端游戏垂直门户等媒体进行投放，以banner、视频广告、弹窗、贴片等形式呈现，以关键词投放等作为收口。

结算方式：通常以CPM、CPT等方式进行结算（展现类广告），其中关键词以CPC的方式进行结算。

软性推广

目的：以增加市场关注度、产品预热为主要目的。

投放形式：在相关媒体、社交媒体上投放，以公关事件、软文、话题等形式呈现。

回到G项目，在进行产品收益评估及公司战略评级后，NT公司为G项目分配市场费用。

市场费用配比如下表所示。

公测预算分配：600w			
素材制作	视频、素材、周边	82w	
基础流量	积分墙&联盟广告	280w	联盟类效果导流
移动端流量	移动视频	28w	大量高质量视频硬广曝光，对受众进行直接轰炸，提升整体人气热度
	游戏垂直APP	72w	优质的广告位进行有效曝光，另一方面以发号平台为基础进行公测活动
PC端流量	游戏垂直门户	53w	软文+专区+新游公测活动+大规模硬广曝光，对核心玩家进行全面轰炸
	相关站点	35w	
	专业门户	8w	行业内权威，提高品牌口碑
社会化媒体	社会化媒体	18w	内容传播、提高品牌知名度
曝光收口	搜索&品牌专区	24w	SEM+品牌专区收口

图3.68　G项目市场推广费用分配方案

根据推广计划，市场经理M对数据分析经理A提出了以下分析需求:

1. 基础运营优化
2. 直效类投放策略优化
3. 长期异常监控
4. 对账及防作弊

二、基础运营优化

我们都会关注用户新增之后的流失行为，并通过各种数据分析来发现可能导致用户流失的原因并作相应的功能调整。

其实，从用户看到广告素材起，用户“流失”就已经开始了。

在“**游戏数据分析指标入门**”中，我们已经提到：曝光、点击、下载、安装、激活、注册、登录，这些是常见的广告效果监控指标。在分析过程中关注最多的是各项指标之间的“转化率”。即在产品设计的每个可控环节当中进行埋点，并监控每个节点的漏斗转换，用于帮助发现产品设计中的问题。

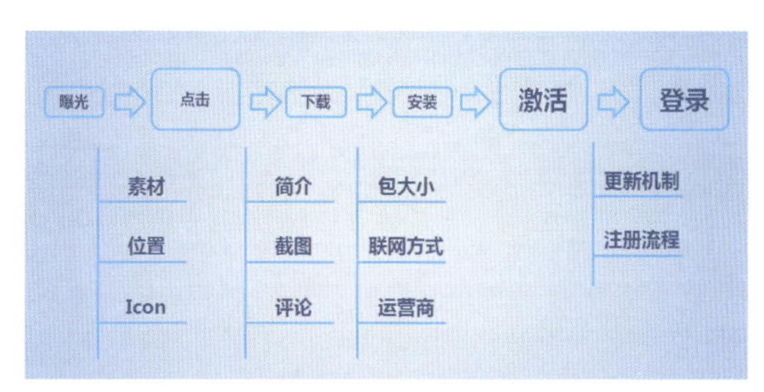

图3.69　各节点基础运营的优化空间

“从用户看到或得知信息开始，到用户登录游戏”的每一个步骤进行拆解。通过改善这些环节获得更多新增账号。

■　“曝光→点击”环节

以移动游戏投放为例，影响点击量（或点击直接尝试下载）的因素主要有：展示位置、icon、广告素材、游戏名称等。

在应用市场的专区（新游推荐、精品推荐等）下载游戏的用户，接近9成处于游戏的“空窗期”。在排除榜单因素之外，大多数的决策（是否点击或下载App）仅仅通过icon以及游戏名字的联想（美术风格、题材、游戏类型）产生。

很多人在做市场推广之前是没有做素材测试的。在正式推广之前，买一些联盟和积金墙的量用于做素材的 A/B test 是很有必要的。一个好的素材对点击量有非常大的影响。

在进入引导页后，游戏简介、截图、应用评分及用户评论均会影响用户的下载意愿。因此，除了做好文字和图片优化外，对评论的维护也是非常重要的。

游戏空窗期：用户当前没有主玩的游戏，正在不断尝试新游，或对老游戏处于倦怠阶段，正在寻找新的游戏。

■ “下载→激活”环节

客户端大小、下载服务器的网络环境等均会影响用户的下载成功率。

■ “激活→上线”环节

影响该环节的因素包括：客户端更新机制、更新服务器网络环境、游戏注册流程、注册界面等。

除了监控自己产品的各项转化率外，沉淀各渠道和竞品的转化率数据形成各节点benchmark同样有助于我们及时发现节点转化的异常数据。

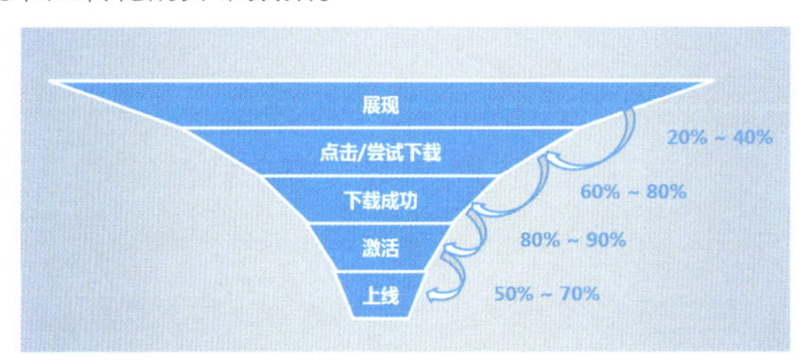

图3.70　各节点转化率benchmark（截至2014-11）

当然，从用户看到素材到进入游戏之间，各个节点之间的转化受到诸多因素的影响，包括品牌认知、口碑效应等。基础运营优化主要优化的是产品的“硬件条件”包括：

1. 优化产品细节，icon、素材、文字内容、注册流程、引导界面等。
2. 优化技术细节，网络环境、客户端更新机制、机型适配等。
3. 沟通媒体及渠道，媒体异常处理等。

三、直效类投放策略优化

运营的一个主要目的是为产品带量，抛开曝光和PR，游戏的直效类投放以基础流量为主，包括积分墙、联盟、第三方应用市场广告、预装、刷机等。

各渠道拥有海量用户资源，是直接获取用户最有效的方式。如何进行渠道筛选，获取更多有效用户，让产品收益最大化成为运营人员必修课程。

本节讨论内容以持续导入有效用户为主要目的，如移动游戏AppStore冲榜为目标的积分墙投放不在本节讨论范围之内。

■ 关于优质渠道的评估标准

直效类投放主要目的是为了给产品带“有效”用户“量”。在做直效类渠道选择的时候不要被繁多的数据指标 “吓到”，从目的出发应该把注意力集中在渠道带量能力和渠道质量上。带量能力指渠道带来的激活设备或新增用户，但是带量能力好并不能够代表这个渠道质量就好，还要综合考虑渠道的用户质量和用户获取成本。

投资回报率（ROI，Return On Investment）：综合考虑渠道质量的指标，指渠道用户为产品带来的收益总和与在渠道上投入总费用的比例。

由于渠道带来是一个持续的过程，很难计算出一个精确的投资回报率。因此在衡量渠道质量的时候通常观察的是在指定时间段内，成本回收的情况，于是有如下公式：

$$ROI\_N = LTV\_N / CPL$$

生命周期价值（LTV，Lift Time Value）：平均一个账号在其生命周期内（第一次登录游戏到最后一次登录游戏），为该游戏创造的收入总计。

公式：LTV_N = 统计周期内，一批新增用户在其首次登入后N天内产生的累计充值/新增用户数。

按登录行为计费（CPL，Cost Per Login）：平均获得每个登录账号的成本。

所以，ROI_N表示平均每渠道用户，在其首次登入后N天所产生的价值与获取该用户成本之间的比例。一般情况下，N取值为7,14,30。分别观察渠道在一周、两周和一个月时间的回本率。

投放媒体	点击	尝试下载	激活设备数	上线账号数	点击-下载转化率	下载-激活转化率	激活-上线转化率	点击成本	尝试下载成本	激活成本	上线成本	累计充值金额	LTV_30	ROI_30
渠道5	/	20423	9022	3695	/	44.18%	40.96%	/	¥1.47	¥3.33	¥8.12	¥82,111	¥22.22	2.74
广告联盟2	190943	110617	34472	27870	57.93%	31.16%	80.85%	¥1.05	¥1.81	¥5.79	¥7.17	¥414,302	¥14.87	2.07
渠道3	/	105766	75823	10770	/	71.69%	14.20%	/	¥0.90	¥1.26	¥8.88	¥123,681	¥11.48	1.29
渠道1	/	32120	23060	22100	/	71.79%	95.84%	/	¥4.55	¥6.33	¥6.61	¥194,723	¥5.81	0.88
线下预装1	/	/	28460	15700	/	/	55.17%	/	/	¥1.87	¥3.39	¥15,700	¥2.00	0.60
广告联盟3	15622	10754	8998	7328	68.84%	83.67%	81.44%	¥9.60	¥13.95	¥16.67	¥20.47	¥43,720	¥5.97	0.29
渠道4	/	9796	10072	2814	/	102.82%	27.94%	/	¥5.10	¥4.98	¥17.77	¥6,287	¥2.23	0.13
线下预装2	/	/	56447	9960	/	/	17.64%	/	/	¥1.59	¥9.02	¥10,826	¥1.09	0.12
广告联盟1	205766	85823	83867	17569	41.71%	97.72%	20.95%	¥2.43	¥5.83	¥5.96	¥28.46	¥56,632	¥3.22	0.11
渠道2	/	12953	5840	520	/	45.09%	8.90%	/	¥7.35	¥16.30	¥183.08	¥3,302	¥6.35	0.03
线下预装3	/	/	89505	1559	/	/	1.74%	/	/	¥0.56	¥32.07	¥101	¥0.06	0.00

图3.71 直效类渠道质量数据

在进行直效类推广时，根据不同的推广目的，结合渠道带来和ROI指标进行渠道筛选。

如图3.71所示，渠道5 的质量虽然很好（ROI_30 达到2.74），但是渠道带量能力有限，在产品需要保证新增量的时候，可以考虑带量能力好，但是ROI中等的渠道1和线下预装1。

四、长期异常监控

除了横向对比各媒体渠道的质量数据外，建立长期的监控体系记录各渠道（特别是优质渠道）的数据档案也很重要。

如图3.72所示，渠道N在某时段的数据显著异常，低于日常水平，经过及时排查发现是渠道放错包导致这段时间用户下载异常。

明细数据 ⑦　　导出Excel

ID	投放时间	结束时间	游戏名称	操作系统	媒体名称	广告位名称	投放者	执行价	曝光数	点击数	包下载数	包下载用户	新增IMEI数	注册数	上线数	充值帐号数
2644	2013-12-1 0:00:00	2013-12-2 23:59:59						4,000	0	0	1,207	1,076	590	651	651	35
2643	2013-12-2 0:00:00	2013-12-3 23:59:59						5,500	0	0	2,134	1,886	797	848	848	60
2642	2013-12-3 0:00:00	2013-12-4 23:59:59						8,000	0	0	610	533	188	201	201	16
2639	2013-12-2 0:00:00	2013-12-3 23:59:59						9,000	0	0	9	8	1	1	1	0
2272	2013-11-17 0:00:00	2013-11-18 23:59:59						5,500	0	0	1,432	1,230	582	642	642	36
2268	2013-11-16 0:00:00	2013-11-17 23:59:59						9,000	0	0	19	17	2	2	2	0
2197	2013-11-1 0:00:00	2013-11-2 23:59:59						13,000	0	0	3,000	2,847	1,097	1,134	1,134	71

共有15条 当前2/2　上一页　1　2　下一页

图3.72　渠道投放纵向对比

这里的数据档案包括各渠道的带量能力、渠道质量、各项转化率等，主要目的为了及时发现渠道来源的异常波动，并排查解决媒体渠道或产品自身的问题。

五、对账及防作弊

对账问题通常出现在以CPC和CPA进行结算的投放方式上，主要涉及两个方面的内容：

1. 数据核对，产品后台自己收到的数据与媒体收到的数据之间进行核对。如A媒体在其后台上获取的数据显示，共有1000个账号上线，而CP在自己的后台仅查到800个账号上线，此时需要就误差内容与媒体进行核对。
2. 防刷问题，如何防止部分人为的方式产生大量无效账号。

■ 关于数据核对

主要涉及双方数据采集规则的统一，如设备唯一识别码的统一，登录节点定义（以账号登录为准，还是以角色进入游戏场景为主）的统一，这部分内容在技术解决方案环节会具体阐述。

■ 关于移动游戏中用户的唯一识别问题

通常情况下，Android设备根据 IMEI+MAC 作为设备唯一识别码。

iOS 6以下设备采集Mac。

iOS 6（含）以上采集 idfv。

由于上诉信息可以主动或被动被修改，导致同一台设备被计算为多台设备，可以通过多个设备识别信息做联合唯一性检查。

Android系统以IMEI、MAC 进行唯一性排查。

iOS 系统以idfa、idfv、mac、openudid 进行唯一性排查。

有任意参数非唯一则视为无效用户。

■ 关于异常行为的判断及黑名单库的维护

首先，通过IP段用户质量、同IP下激活设备数及激活时间等限制条件（根据具体业务需求，异常的规则可以进行修改）来判断异常IP。

其次，建立并实时维护IP黑名单列表，可以提供相关的数据，投放前和媒体协商产生这些IP不列入结算范围。

■ 渠道用户池的边际效应

做渠道运营的同学经常会发现这样一个现象，一些数据表现不错的产品，在经过一段时间的推广后，用户的数量和质量都出现了明显下滑。并且在这段时间，游戏简介、截图、icon等并没有变化，也没有重大版本更新，笔者将这类现象称为“渠道用户池的边际效应”。

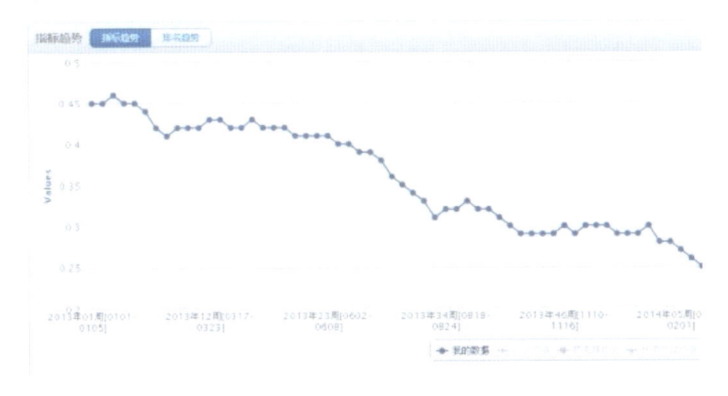

图 3.73 产品在单渠道的新增用户次日留存走势

移动互联网发展到现在，任何直接带量的渠道（联盟、积分墙、线下、第三方应用市场等），在一定周期内用户池（活跃账号）的大小是相对稳定的，单款产品只能吸引到固定比例的目标用户。在单渠道进行连续投放的时候，目标群体曝光的覆盖面将局部达到临界值，此时推广成本将会剧增。

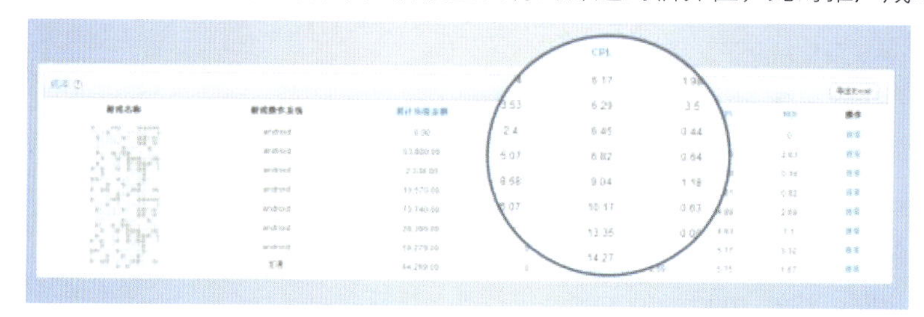

图3.74　连续投放带来的成本上升

游戏自身吸量能力、渠道用户池、渠道新增用户量，都决定了产品在渠道上达到边际效益的周期，积分墙最容易达到边际效应，第三方应用市场次之，大型广告联盟由于对接各类应用最不容易达到瓶颈。无论是发行方（监控直效类投放效果）还是渠道方（监控联运资源投放效果），都需要通过长期监控各渠道（发行方）或各产品（渠道方）的投放成本和用户质量变化，以此优化投放策略，控制产品在同一渠道的投放周期。

3.3.5　游戏运营活动分析

游戏运营活动是一把双刃剑，它能成就一款产品也能毁掉一款产品。

本章分为2个小节对游戏活动分析方法进行介绍。

1. 游戏运营活动在做什么
2. 游戏运营活动的分析框架

一、运营活动分析在做什么

在回答“活动分析在做什么？”这个问题之前，我们需要先弄清楚游戏运营活动的本质是什么。特别是活动与产品固有机制之间的关系。笔者认为，游戏运营活动是：

“在既定的产品机制和固有的价值认知基础之上，通过对‘规则’的调整，达到辅助产品固有设计瓶颈的目的”。

运营活动的主要目的包括：

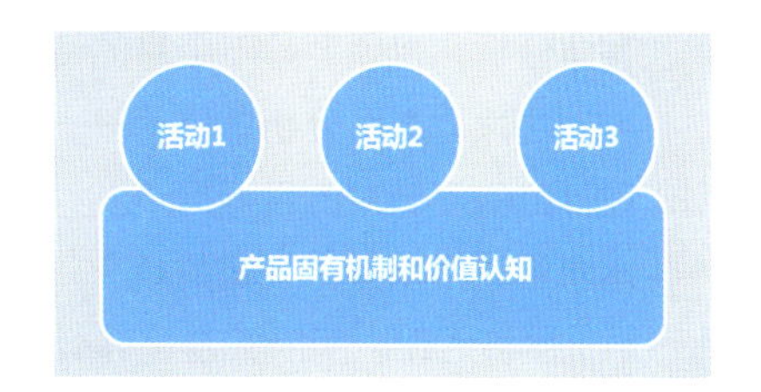

图3.75　活动与产品的关系

1. **解决产品存在的先天缺陷。**在上线时，所有产品都不可能做到完美无缺，有时候受限于一些因素（如，开发人员不足），通过产品来解决这些问题的性价比太低。此时，可以通过运营活动进行互补，如在不调整核心数值的前提下，通过运营活动改变用户在新手阶段的成长节奏，以达到提高前期留存的目的。在版本内容不足的情况下，通过配置运营活动来解决用户在线时长不足的问题等。
2. **提高用户活跃。**通过运营活动增加用户的游戏热度，最简单的就是“签到奖励”和“开服活动”。
3. **拉升收入。**在付费分析章节，我们提到用户在进行付费前会进行评估，其中包含理性部分(如价格考虑、道具性价比等)。在游戏固有的机制之上用户的付费很容易就达到瓶颈，此时可以通过活动对固有的价值认知进行调整，重新刺激用户的付费（如商城促销、累消和累充活动等）。

在产品上线之后，运营活动的根本任务就是不断PDCA，对活动“规则”和“节奏”不断调整优化。因此，游戏运营活动分析不是简单的统计“活动前后销量变化”、“不同类型用户的参与率”，其本质在于在既定目的和目标群体的前提下，对活动“规则”的有效性做验证，以辅助活动策划进行活动规则和节奏调整。

二、游戏运营活动的分析框架

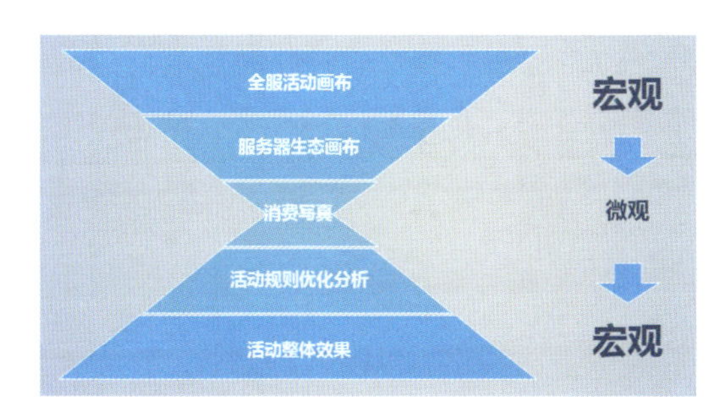

图3.76　游戏活动分析框架

游戏运营活动分析的框架遵循从“宏观→微观→宏观”的过程，本章接下来分别从“全服活动画布”、“服务器生态画布”、“用户行为写真”、“活动规则优化及效果分析”4个部分对活动分析进行介绍。

NT游戏公司的G项目距离大规模推广已经过去1个多月的时间，运营经理O找到数据分析经理A，希望能够针对上个月的运营活动做一次整体分析，以便调整下个月的活动计划和研发需求。

A先明确了本次分析的重点——运营活动对拉动产品付费效果，并找O要到了主要活动的排期、设计目的及针对的目标用户。

本次活动排期遵循既定的“充”、“消”循环的节奏，需要重点观察的活动有：

1. 神将活动。同时开启“累计消费送神将”和“累计充值送神将专属套装”的活动组合，主要针对充值一万元以上的大R。
2. 充值返利活动。主要针对充值1000元以上的中、大R。
3. 商城特卖活动。主要目的消耗玩家身上剩余元宝，针对不同档位的用户推出不同特卖礼包。
4. 新版本上线时绝版神将的促销活动。通过绝版和专属，拉动超R的付费。

■ 全服活动效果画布

在明确分析目的和活动内容之后，不要一头扎到活动的细节之中，先从宏观上对活动的效果有一个整体认知。参照“付费分析”章节中提到的生态画布。

我们将账号信息区域替换为服务器信息，将观测范围从单台服务器上升到全区全服，选择付费金额作为热力图指标，绘制全区全服活动效果画布。

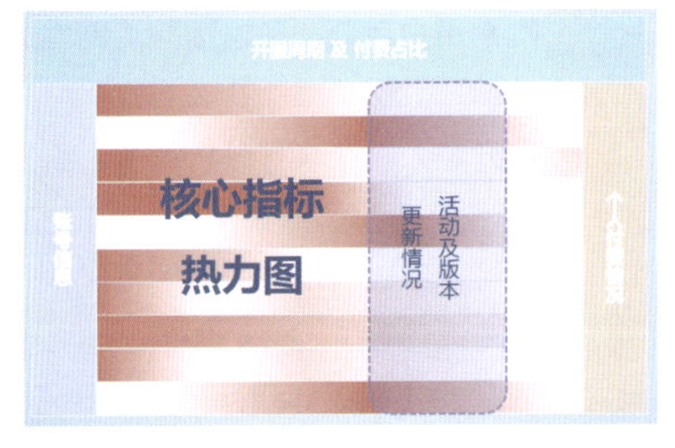

图3.77　服务器生态画布

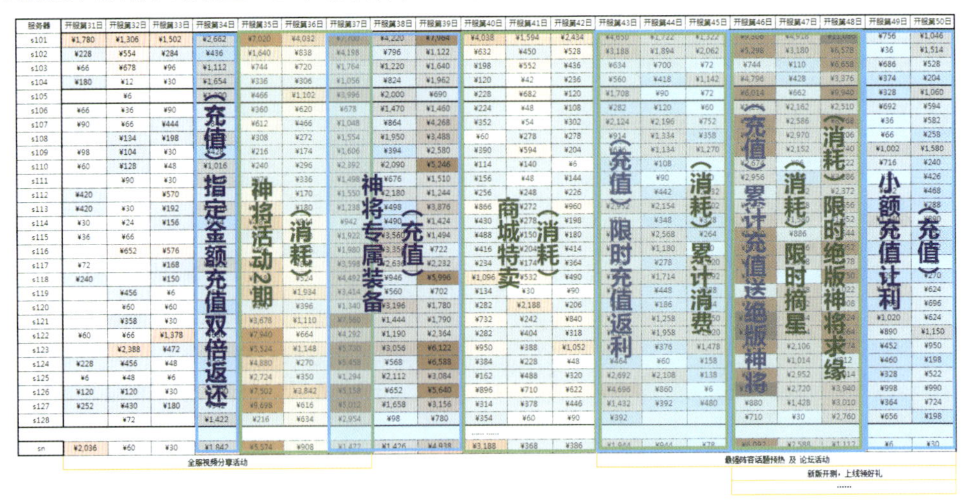

图3.78　全服活动效果画布

从画布上，我们可以直观、感性地看出各活动的效果和特点：

1. 神将消耗和充值活动，付费爆发在首日和最后一日。
2. 商城特卖和累积消费活动，对付费的拉动不明显，可以考虑结合神将充值活动的特点，将商城特卖活动提前至神将活动的最后一天，再给用户一个付费的理由。
3. 除了一服以外，神将活动在新服的效果要高于老服，可以考虑将神将活动配置到开服活动模板中，根据服务器开服时间来开启。
4. 绝版神将活动对付费有明显拉升效果，仍有部分服务器拉升效果有限，需要单独抽样观察。

■ 服务器生态画布

通过“全服活动效果画布”，我们可以初步判断活动整体效果，并抽出具有代表性的服务器做进一步分析。

从历史数据我们知道，开服两周后，服务器的收入主要来源于Top 2%的用户，从服务器付费画布也可以看出，一台总服务器，真正响应付费活动的，只有少数的大R用户。

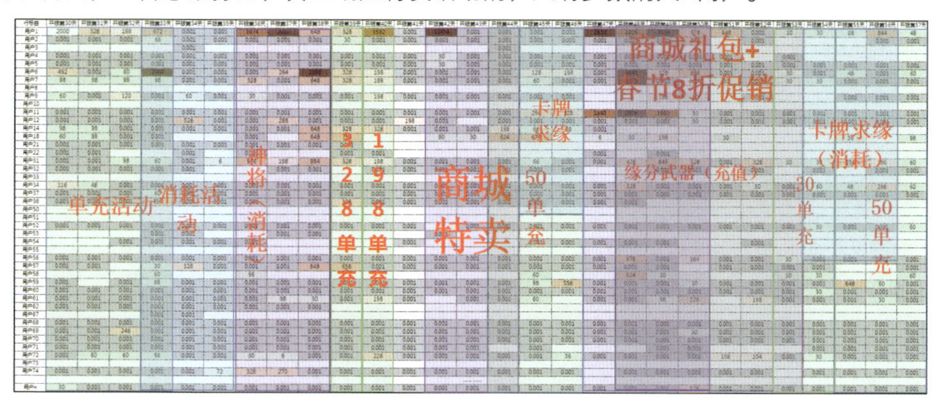

图3.79　一台服务器中后期只有少数大R真正响应付费活动

基于这个前提，我们可以重点观察服务器总Top 2%的付费用户，并根据分析目的选取多个热力指标，在这里我们选取付费金额、存点、元宝消耗三个指标来绘制服务器生态画布。

通过多维画布，对单活动做出大致的定性评估。以神将活动为例。

活动目的：拉动大R在服务器中期的付费。

设计思路：先通过累计抽卡排名投放限时神将，消耗玩家的存点，在活动最后一天搭配累计充值送神将套装的活动来拉动付费。

目标群体：充值5000元以上的大R。

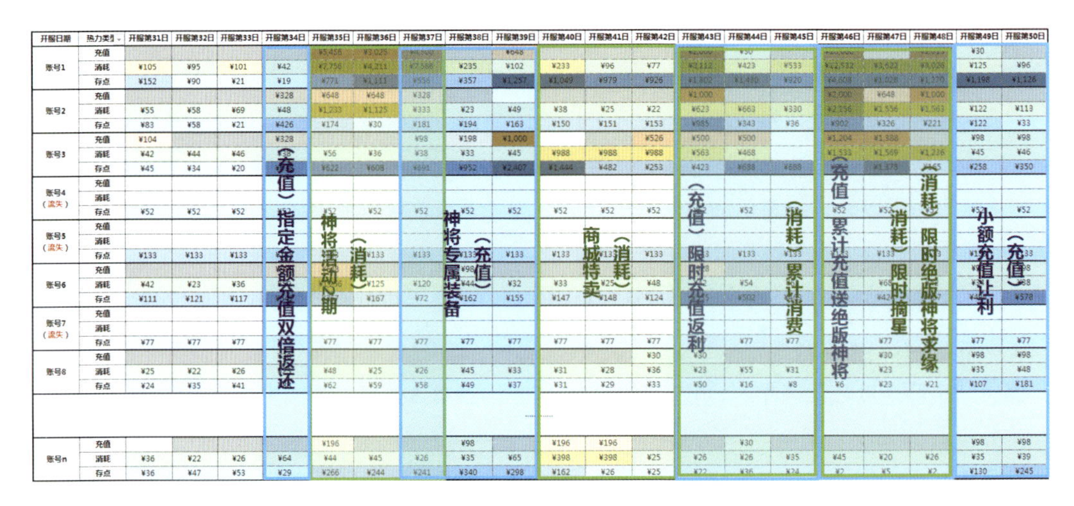

开服日期	热力类型	开服第31日	开服第32日	开服第33日	开服第34日	开服第35日	开服第36日	开服第37日	开服第38日	开服第39日	开服第40日	开服第41日	开服第42日	开服第43日	开服第44日	开服第45日	开服第46日	开服第47日	开服第48日	开服第49日	开服第50日
账号1	充值					¥5,456	¥3,025	[illegible]		¥648				[illegible]	¥30		[illegible]		[illegible]	¥30	
	消耗	¥105	¥95	¥101	¥42	¥2,756	¥4,211	¥7,586	¥235	¥102	¥233	¥96	¥77	¥1,112	¥423	¥533	¥12,532	¥3,622	¥3,026	¥125	¥96
	存点	¥152	¥90	¥21	¥19	¥771	¥1,111	¥556	¥357	¥1,257	¥1,049	¥979	¥926	¥1,302	¥1,480	¥920	¥4,608	¥1,028	¥1,270	¥1,198	¥1,126
账号2	充值				¥328	¥648	¥648	¥328						¥1,000			¥2,000	¥648	¥1,000		
	消耗	¥55	¥58	¥69	¥48	¥1,233	¥1,125	¥333	¥23	¥49	¥38	¥25	¥22	¥623	¥663	¥330	¥2,156	¥1,556	¥1,563	¥122	¥113
	存点	¥83	¥58	¥21	¥426	¥174	¥30	¥181	¥194	¥163	¥150	¥151	¥153	¥985	¥343	¥36	¥902	¥326	¥221	¥122	¥33
账号3	充值	¥104			¥328			¥98	¥198	¥1,000			¥526	¥500	¥500		¥1,204	¥1,388		¥98	¥98
	消耗	¥42	¥44	¥46	¥38	¥56	¥36	¥38	¥33	¥45	¥988	¥988	¥988	¥563	¥468		¥1,533	¥1,569	¥1,226	¥45	¥46
	存点	¥45	¥34	¥20	[illegible]	¥622	¥608	¥691	¥952	¥2,407	¥1,444	¥482	¥253	¥423	¥698	¥688	[illegible]	¥1,378	¥465	¥258	¥350
账号4（流失）	充值																				
	消耗																				
	存点	¥52	¥52	¥52	[illegible]	¥52	¥52	¥52	¥52	¥52	¥52	¥52	¥52	[illegible]	¥52	[illegible]	¥52	¥52	[illegible]	[illegible]	¥52
账号5（流失）	充值																				
	消耗																				
	存点	¥133	¥133	¥133	[illegible]	[illegible]	¥133	¥133	¥133	¥133	¥133	¥133	¥133	[illegible]	¥133	¥133	[illegible]	¥133	[illegible]	[illegible]	[illegible]
账号6	充值				[illegible]	[illegible]			¥98					[illegible]						[illegible]	[illegible]
	消耗	¥42	¥23	¥36	[illegible]	[illegible]	¥125	¥120	¥44	¥32	¥33	¥25	¥48	[illegible]	¥54	[illegible]	[illegible]	[illegible]	[illegible]	[illegible]	[illegible]
	存点	¥111	¥121	¥117	[illegible]	[illegible]	¥167	¥72	¥162	¥155	¥147	¥148	¥124	[illegible]	¥502	[illegible]	[illegible]	[illegible]	[illegible]	[illegible]	¥578
账号7（流失）	充值																				
	消耗																				
	存点	¥77	¥77	¥77	[illegible]	¥77	¥77	¥77	¥77	¥77	¥77	¥77	¥77	[illegible]	¥77	¥77	[illegible]	¥77	[illegible]	¥77	¥77
账号8	充值												¥30	¥30				¥30		¥98	¥98
	消耗	¥25	¥22	¥26	[illegible]	¥48	¥25	¥26	¥45	¥33	¥31	¥28	¥36	¥23	¥55	¥31	[illegible]	¥23	[illegible]	¥35	¥48
	存点	¥24	¥35	¥41	[illegible]	¥62	¥59	¥58	¥49	¥37	¥31	¥29	¥33	¥50	¥16	¥8	¥6	¥23	¥21	¥107	¥181
											……										
账号n	充值					¥196			¥98		¥196	¥196			¥30					¥98	¥98
	消耗	¥36	¥22	¥26	¥64	¥44	¥45	¥26	¥35	¥65	¥398	¥398	¥25	¥26	¥26	¥35	¥45	¥20	¥26	¥35	¥39
	存点	¥36	¥47	¥53	¥29	¥266	¥244	¥241	¥340	¥298	¥162	¥26	¥25	¥22	¥36	¥24	¥2	¥5	¥2	¥130	¥245

图3.80　多维指标的服务器生态画布

首先，通过画布进行客观事实描述。

1. 服务器充值5000元以上的8个账号中，排除已经流失的3人，只有账号1、2和6响应了神将消耗活动。
2. 只有账号1以及并未参与神将抽卡的账号3响应神将充值活动。
3. 账号1在活动最后一天补了一笔648后，拿到了充值活动最高档位的奖励。
4. 账号3在活动最后一天充了1000元，拿的是第三档的奖励（通用缘分装备的碎片礼包）。充值当日仅进行了基本消耗。

……

其次，通过客观事实结合活动规则进行业务分析，以账号3为例。

1. 神将消耗中，前三名均可获得限时神将，活动期间消耗排名第三的账号6消费金额在1200左右，账号3完全有实力竞争前三名，但是没有响应消耗活动。
2. 账号3在充值活动最后一天，充值1000元，当仅维持日常消耗，充值的动机很明显是为了第三档（充值1000，送通用缘分装备碎片礼包）。
3. 推测账号3已经固定阵容，但是没有实力竞争消耗活动的第一名（送神将及对应缘分武将），第二、三名仅获得单独的限时神将意义不大，所以选择在充值活动最后一天选择第三档的礼包，继续强化现有阵容。

……

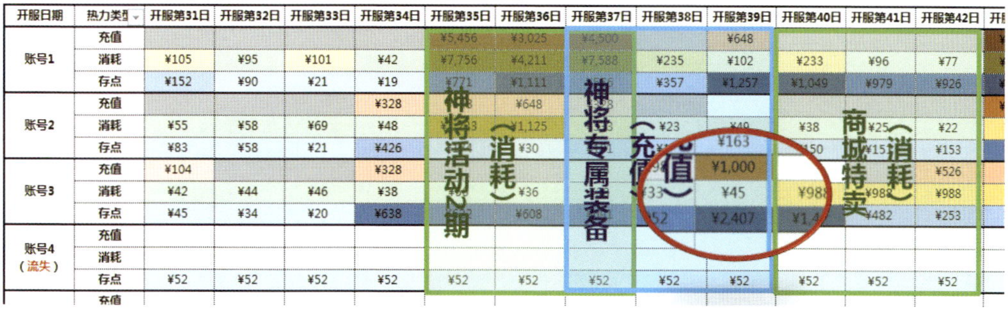

开服日期	热力类型	开服第31日	开服第32日	开服第33日	开服第34日	开服第35日	开服第36日	开服第37日	开服第38日	开服第39日	开服第40日	开服第41日	开服第42日
账号1	充值					¥5,456	¥3,025	¥4,500		¥648			
	消耗	¥105	¥95	¥101	¥42	¥7,756	¥4,211	¥7,588	¥235	¥102	¥233	¥96	¥77
	存点	¥152	¥90	¥21	¥19	¥771	¥1,111	[illegible]	¥357	¥1,257	¥1,049	¥979	¥926
账号2	充值				¥328	[illegible]	¥648	[illegible]					
	消耗	¥55	¥58	¥69	¥48	[illegible]	¥1,125	[illegible]	¥23	[illegible]	¥38	¥25	¥22
	存点	¥83	¥58	¥21	¥426	[illegible]	¥30	[illegible]	[illegible]	¥163	[illegible]	[illegible]	¥153
账号3	充值	¥104			¥328	[illegible]		[illegible]	[illegible]	¥1,000			¥526
	消耗	¥42	¥44	¥46	¥38	[illegible]	¥36	[illegible]	[illegible]	¥45	[illegible]	¥988	¥988
	存点	¥45	¥34	¥20	¥638	[illegible]	¥608	[illegible]	[illegible]	¥2,407	[illegible]	¥482	¥253
账号4（流失）	充值												
	消耗												
	存点	¥52	¥52	¥52	¥52	¥52	¥52	¥52	¥52	¥52	¥52	¥52	¥52
	充值												

图3.81　通过客观事实结合活动规则进行业务分析

最后，整理相应的业务假设，并通过用户行为写真做进一步验证。

■ 用户行为数据

根据分析需求，提取对应账号的明细数据。以商城特卖活动为例，提取的明细数据包括出战卡牌阵容、卡牌属性、元宝进销存流水。主要有以下两个目的。

验证：进一步验证，通过画布得出的假设。例如，根据用户当前属性判断礼包内容对于用户的价值是否不足。

探索：当画布无法对用户行为做出解释时，进一步查看用户的明细数据进行观察。例如，账号1在特卖期间有超过1000元的元宝，但是在统计周期内基本没有响应任何活动。

■ 活动效果定量分析

在通过宏观数据和用户行为数据对周期内整体活动效果做出感性分析结果后，需要进一步通过相关数据和用户反馈，对每个活动目的和规则做进一步验证。

以商城促销活动为例：

首先，确认活动目的及规则。

本次固定礼包定价高达988 RMB，随机礼包定价66 RMB，定价都比较高。这次的高定价只是一种尝试。过一段时间会再做一次类似的活动，道具内容一样，只是下调道具数量，从而将售价降低，通过2次活动的比较，来评估一下道具定价的策略。

同时，根据不同付费段用户的购买情况，调整礼包投放内容。

其次，观察活动相关指标的整体表现。

活动期间，团圆礼包消费贡献 5.23 %，好运礼包消费贡献 4.97 %。新礼包在所有消费点排名4、5，合计消费贡献超过10 %。

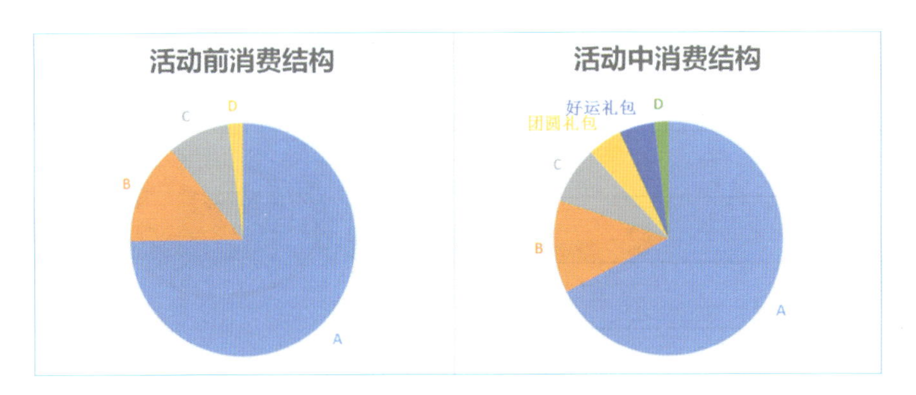

图3.82 元宝消费结构

VIP8以上是团圆礼包的主要购买人群。其中VIP9、VIP10的人均购买量明显高于其他等级。好运礼包没有购买数量的限制，VIP8以上的玩家人均购买量远远高于其他玩家。人均购买量的增长梯度非常大。

团圆礼包			
VIP等级	购买人数	购买数量	人均购买量
0	0	0	0.00
1	0	0	0.00
2	0	0	0.00
3	0	0	0.00
4	3	3	1.00
5	14	18	1.29
6	59	96	1.63
7	128	198	1.55
8	365	645	1.77
9	198	756	3.82
10	75	326	4.35

图3.83 不同付费段用户限购礼包购买情况

好运礼包			
VIP等级	购买人数	购买数量	人均购买量
0	0	0	0
1	0	0	0
2	42	51	1.21
3	93	146	1.57
4	469	1028	2.19
5	860	2016	2.34
6	735	2169	2.95
7	396	1790	4.52
8	470	5951	12.66
9	361	7934	21.98
10	188	9370	49.84

图3.84 不同付费段用户非限购礼包购买情况

活动前后：

1. **消费金额：**活动中的消费金额比活动前提升100%，活动后比活动前下降了15%。
2. **充值金额：**活动中的充值金额比活动前提升73%，活动后比活动前下降了17%。
3. **充值人数：**活动中提升33%，活动后下降了10%。
4. ARPPU：活动中提升92%，活动后下降了8%。

……

再次，收集用户反馈（包括内置问卷、QQ回访、客服反馈等），总结活动设计存在的问题。

VIP0　南宫柳鼎　S12

“你们的团圆礼包太对了！只有土豪才能买得起！”

VIP2　富家大室　S65

“团圆礼包太贵了，很想买但是买不起。好运礼包我买了 2 个，开的都是道具 X(无用道具)，就没再买了”

VIP5　东方闪电　S65

“团圆礼包很划算，但是太贵了，我只买了 1 个。

好运礼包开出道具 X(无用道具)的几率太高了，武器碎片的几率太低了。我开了 10 个，只出了 1 个武器碎片”

VIP8　纠结颠覆　S12

“团圆礼包定价太贵了，也就我们这种高 V 玩家买的起，其他玩家根本买不起，没必要定那么高的价格吗。

好运礼包道具 X（无用道具）的概率太高了，我开了好几百个道具 X（无用道具），才凑齐武器碎片”

VIP10　简单无偶　S12

“团圆礼包很不错，我每天都买，不过很多玩家就买不起了，以后做活动最好也照顾一下普通玩家。

那个好运礼包坑死我了，我为了给神将凑专属武器，买了 500 个才搞定，剩下几百个道具 Y 没处用，想办法给我回收一下。”

……

图3.85　用户反馈

玩家反馈主要问题：

1. 限购礼包的定价过高。
2. 非限购礼包里的道具X（无用道具）概率太高。
3. 部分高VIP玩家反馈非限购礼包里的武器碎片概率太低。
4. 对于个别购买量非常大的玩家，道具Y剩余了很多没有办法消耗。

最后，对活动总体效果进行总结。

中秋节的两款新礼包销售情况不错，礼包定价需要二次测试。对比一下两次活动的效果，看看是否价格降下来之后能够带动更多的消费金额。

从反馈来看，较高的定价各个VIP级别的用户的反馈都不是特别好，所以未来会考虑少做单价很高的礼包。

道具Y的产出需要限制，之前有一个VIP10的玩家反馈买了很多礼包，开出几百个道具Y，但是道具Y的需求量有限，玩家全部满足后还剩余了很多。所以未来在制作随机礼包的时候尽量不用道具Y。如果使用也降低概率，避免玩家出现过剩的情况。

VIP2～VIP6的玩家购买好运礼包的人均购买量只有3个以下，也就是说大量的玩家只购买了一两个礼包就不再购买了。事后跟一些玩家也沟通了这个问题，很多玩家抱着试一试和凑热闹的心态购买一两个，但是不会大量购买来追求自己想要的东西，因为随机性太大，风险很高，抽到自己不想要的东西就会很失望。

针对分析结果，对第二次活动规则进行调整：

1. 礼包也可以考虑做成抽卡的机制，玩家最开始打开的礼包有更大的概率获得好东西，然后慢慢回归正常概率。
2. 设立一些阶段性的目标，比如购买5个，可以额外获得一个奖励。通过这种短小的明确的目标刺激玩家购买更多的礼包。

三、小结

运营活动的本质是在既定的产品机制和固有的价值认知基础之上，通过对“规则”的调整，达到辅助产品固有设计瓶颈的目的。

因此，运营活动的根本目的在于对活动**“规则”**和**“节奏”**不断调整优化。

■ 【to do list】活动分析的准备工作

1. 在每月月底的时候，即时与运营人员沟通下个月的活动排期。
2. 确认活动目的、目标群体和预期效果。
3. 核对活动相关数据是否已经记录行为日志。